우리 아이는
학교에서
무얼 배울까?

학교에서도 알려주지 않는
초등 공부 사용설명서

우리
아이는

학교에서

무얼
배울까?

유정원 지음

서사원

우리 아이는
학교에서 무얼 배우는 걸까?

해마다 새롭게 학급살이를 시작하면 부모님들에게 편지를 보냅니다. 담임선생님 소개, 학급의 기본 규칙, 시간표, 평가 방법, 준비물 등을 안내하는 편지지요. 그런데 어느 날 문득 이런 생각이 들었습니다.

'학교에서 가장 중요한 것 중 하나인 공부에 대해 안내했나?'

'부모님들은 1년 동안 아이가 무엇을 공부할지 궁금해하시지 않을까?'

아이의 교과서를 차분히 살펴볼 틈도 없이 바쁘게 사는 부모님들에게 아이의 공부에 대한 일종의 '가이드라인'을 보여주면 좋겠다는 생각이 들었습니다. 아이의 공부를 도와주고 싶어도 방법을 몰라 막막해하는 분들도 떠올랐고요. 가전제품을 구입하면 사용설명서가 함께 들어 있듯 아이들의 공부에도 '사용설명서'가 있으면 좋을 것 같았습니다.

저의 첫 발령지는 시골 마을의 작은 학교였습니다. 시내버스는 두 시간에 한 대꼴로 다녔고, 학교 주변은 온통 논밭이었습니다. 전교생은 70명도 채 되지 않았습니다. 2월에 교육대학교를 졸업하고 곧바로 3월에 발령을 받았으니, 아직 대학생인지 교사인지 정체성도 모호하고 모든 것이 막막한 시절이었습니다. 하지만 동시에 편안한 감정이 들었습니다. 제가 다녔던 초등학교도 비슷한 분위기였기 때문입니다. 논밭으로 둘러싸인 시골의 작은 학교. 제가 그곳에서 끊임없이 꿈꾸고 열심히 배운 것처럼, 이곳의 아이들도 그럴 수 있으리라는 강한 긍정이 들었습니다.

첫해에는 열네 명의 6학년 아이들을 맡았습니다. 저는 가장 먼저 아이들의 실태를 파악했습니다. 지역적 특성 때문인지 학원에 다니는 아이는 거의 없었습니다. 오로지 학교 공부만이 학업의 전부였습니다. 게다가 이전 학년 성취도가 미달인 아이가 많았습니다. 가장 걱정했던 점은 학습 능력 자체보다 '왜 공부해야 하는지'에 대한 동기부여가 거의 없었다는 것입니다.

무엇보다 우선 아이들의 성적을 끌어올려야 했습니다. 우리 반의 모든 아이는 스쿨버스를 타고 등하교를 했습니다. 그중에는 학교에서 10킬로미터 넘게 떨어진 마을에 사는 아이들도 있었습니다. 아이들은 3시경에 정규 수업이 끝나면 방과후활동을 하고 5시에 돌아갔습니다. 방과후활동이 없는 날에도 스쿨버스를 타기 위해 5시까지 기다려야 했습니다. 저는 이 시간을 이용하기로 했습니다. 어차피 비어 있는 시간이므로 보충 지도를 하기에 적절했습니다.

처음에는 아이들에게 6학년 수학 문제지를 풀어보게 했습니다. 잘 푸는 아이는 단 한 명이었습니다. 나머지 아이들은 기본적인 연산도 못 하고 헤맸습니다. 5학년 수학 문제지를 건네주니 서너 명이 추가로 잘 풀어냈습니다. 4학년 문제지를 주자 절반이 넘는 학생들이 잘 풀었습니다. 아이들이 이전 학년에 배웠던 것들을 잘 기억하지 못한다면 6학년 문제들로 씨름하는 것은 큰 의미가 없었습니다. 그래서 5학년, 4학년, 때로는 3학년 문제까지 함께 풀어보았습니다. 이전 학년의 학습 내용을 되새기자 아이들의 수준은 점점 올라갔습니다.

어느 정도 문제 풀이에 익숙해지면서 저는 아이들에게 다른 것을 요구했습니다. 바로 '선생님에게 설명하기'입니다. 단순히 답을 맞게 썼다고 해서 동그라미 채점을 하는 것이 아니라, 왜

이 답이 나왔는지 말해보게 했습니다. 처음에는 대부분 이렇게 대답했습니다.

"3은 3이니까요."

"이게 정답이니까요."

저는 계속 더 자세히 설명하도록 했습니다. 아이들은 어려워했고, 온종일 문제 하나를 설명하다 하루가 지나버리기도 했습니다. 하지만 계속해서 반복하다 보니 아이들의 실력도 점점 늘어갔습니다.

"분자와 분모가 똑같이 3으로 약분되니까 이렇게 할 수 있고요…."

수학 교과서에 나오는 용어를 사용해서 논리를 전개할 수 있게 된 것입니다. 아이들은 수학 문제 풀이 시간을 은근히 즐거워하기 시작했습니다. 자신의 설명을 들어달라며 재잘재잘 이야기하기도 했습니다. 누군가 그 시간에 교실을 지나갔다면 '저 반은 뭘 하기에 저렇게 시끄럽지? 저게 무슨 수학 시간이야?'라고 생각했을지도 모릅니다. 저는 여기에서 더 나아가 또 다른 동기를 부여해주기로 했습니다.

당시에는 초등학교에도 중간·기말고사가 있었습니다. 이것을 기회로 아이들에게 "기말고사에서 반 평균 90점이 넘으면 피자를 쏘겠다"라는 조건을 걸었습니다. 2학기 기말고사, 즉 마지

막 시험이었습니다. 아이들의 성적이 점점 오르고 있었기 때문에 어쩌면 가능할 것 같았습니다. 하지만 아이들은 불가능하다며 볼멘소리를 내었습니다. 결과는 어떻게 되었을까요?

반 평균은 딱 '90.3점'이었습니다. 아슬아슬하게 90점을 넘긴 것입니다. 너무 어렵지 않게 난이도를 조절하긴 했지만, 온전히 아이들이 만들어낸 성과였습니다. 결과를 말해주자 아이들은 소리를 지르며 기뻐했습니다. 춤을 추고 노래를 부르기도 했습니다. 아이들은 눈을 반짝이며 노력이 가져온 성과를 마음껏 받아들였습니다.

그렇게 한 해가 끝나고 저는 다음 해에도 6학년을 맡았습니다. 이번에는 모두 8명이었습니다. 학생 수가 줄어들었기에 훨씬 밀도 있는 개별학습이 가능했습니다. 기존의 학습법에 교사로서 익힌 노하우를 더하자 서로를 가르쳐주는 동료 학습이 점점 잘 갖춰져갔습니다.

그러자 이번에는 더 큰 목표가 생겼습니다. 당시 우리 반에는 지역 영재교육원에 다니는 똘똘한 아이가 있었습니다. 반 친구들은 그 아이를 부러워하면서도 자신과는 전혀 다른 상황이라고 생각했습니다. 당시 저는 영재교육원 강사도 병행하고 있었기에 생각이 달랐습니다. 영재교육원의 수업은 천재만을 위한 과정이 아니었습니다. 다양한 가능성을 가진 아이들이 여러 과목을 접목한 창의융합 수업을 듣고 사고력을 높이는 과정이었습니다. 우리 반 아이들도 할 수 있을 것 같았습니다.

어느 날 아이들에게 "영재교육원 시험 보고 싶은 사람?"이라고 물었습니다. 모두가 쭈뼛거리며 대답하지 않았습니다. 다시 한번 더 묻자 한 명이 용기를 내 손을 들었습니다. 영재교육원에 다니는 아이의 가장 친한 친구였습니다. 옆에서 친구를 보며 내심 가고 싶었나 봅니다. 그러자 다른 아이들도 가세해 여덟 명 중 네 명이 손을 들었습니다. 저는 기뻐하며 함께 준비하기로 했습니다.

당시 영재교육원에 합격하기 위해서는 타 기관에서 출제한 시험을 통과해야 했습니다. 이를 대비하기 위해 그저 지금까지처럼 서로 설명하며 문제를 풀게 하고 자기소개서에 '왜 영재교육원에 다니고 싶은지'를 진술하게 작성하게 했습니다. 결과는 어땠을까요? 네 명 전원 합격했습니다. 학교에서는 개교 이래 처음 있는 일이라며 몹시 놀라워했습니다. 아이들이 자신감을 얻은 건 더 큰 수확이었습니다.

지역과 환경을 막론하고 아이들에게는 잠재력이 있습니다. 잠들어 있는 보석을 발견해 꺼내줄 수 있는 사람은 바로 부모님과 교사입니다. 아이들의 학교생활에 관심을 가지고, 적절한 도움의 손길을 내줄 때 아이들은 한 단계 더 성장한다고 믿습니다.

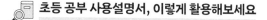

초등 공부 사용설명서, 이렇게 활용해보세요

이 책은 자녀의 교육에 관심이 많은 부모님을 위한 길잡이로, 우리 아이가 학교에서 무엇을 배우는지 확인하고 시기적절하게 도와줄 목적으로 쓰였습니다. 학습에는 단계가 있습니다. 특히 수학과 국어가 그렇습니다. 전 단계의 공부를 제대로 마치지 않으면 다음 학년에서의 공부는 더 힘들어집니다. 교육과정은 앞서 배운 내용을 바탕으로 설계되기 때문입니다. 따라서 저학년 때부터 아이의 공부를 옆에서 지켜보며 도와준다면 아이는 자신감을 갖고 한결 수월하게 학교생활을 할 수 있을 것입니다. 물론 고학년도 늦은 것은 아닙니다. 제가 시골 학교에서 경험한 것처럼 누군가 얼마나 관심과 정성을 쏟느냐에 따라 어떤 아이든 잠재력을 꽃피울 수 있습니다.

만약 이 책을 읽는 분이 저학년 학생의 학부모님이라면 교과서를 미리 살펴보며 학년별 공부 계획을 세워보세요. 내 아이가 정규 교육과정을 잘 따라가고 있는지 수시로 확인하며 적절한 도움을 줄 수 있을 것입니다. 러시아의 교육심리학자인 레프 비고츠키는 이와 관련해 '비계'라는 용어를 사용했습니다. 비계란 건설 현장에서 높은 건물을 안전하게 짓기 위해 미리 설치하는 구조물을 말합니다. 공부에서도 비계가 필요합니다. 선생님, 부모님, 또래 친구들이 적절한 순간에 도움의 손길을 내민다면 아이는 훨씬 안정감 있게 자랄 수 있습니다. 이것은 아이의 성장에 꼭 필요한 요소이기도 합니다.

고학년 자녀를 둔 학부모님이 이 책을 읽는다면 아직 늦지 않았다는 말씀을 드리고 싶습니다. 저학년 때부터 단계를 잘 밟아 고학년으로 올라가는 게 가장 이상적이지만, 아이들의 잠재력은 대단합니다. 늦게 시작해서 오히려 더 아름다운 꽃을 피우기도 하죠. 만약 5학년인 아이가 자기 학년의 공부를 힘들어한다면 4학년 문제집을 풀어보게 하세요. 그것도 어려워한다면 3학년 문제집도 좋습니다. 이전 학년의 교과 과정들을 살펴보며 내 아이가 놓친 것을 먼저 찾아야 합니다. 단계별로 제대로 해야 그 후의 학습도 의미가 있습니다. 구구단을 모르고서 분수의 덧셈과 뺄셈을 풀 수 없는 것처럼요.

아이가 초등학교 입학 전이라면 의욕만 앞서 모든 걸 다 해야겠다는 생각은 내려놓아 주세요. 언제나 기본이 가장 중요하다는 생각으로 그 시기에 갖춰야 할 생활습관을 배우게 해주세요. 그리고 앞으로 초등학교에서 무엇을 배울지 마음의 대비를 하면 됩니다.

CONTENTS

CHAPTER

3

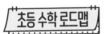
초등 수학 로드맵

한 계단씩 천천히 올라가기

CHAPTER 4

초등 영어 로드맵

불안은 날리고 재미는 살리고

CHAPTER 5

초등 공부, 더 맛있게 하기

초등 공부 로드맵,
왜 필요할까요?

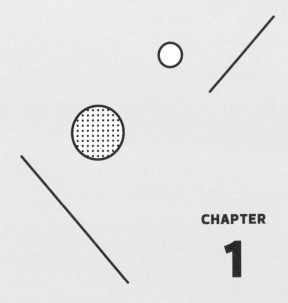

입시 로드맵보다
중요한 교육과정 로드맵

"오늘 학교에서 뭐 했어?"

아이가 학교를 마치고 집으로 돌아오면 부모님은 이렇게 묻곤 합니다. 무엇을 공부했는지, 급식은 잘 먹었는지, 친구와는 잘 놀았는지 등 궁금한 것이 많지요. 하지만 돌아오는 대답은 보통 어떤가요?

"그냥 공부했어. 잘 먹었어. 잘 놀았어. 재밌었어."

자세한 대화가 오가기보다는 짧은 소감을 주고받는 데서 그치진 않나요? 우리 아이들은 6년 동안 초등학교에 다니며 다양한 것을 배우지만, 정작 부모님은 아이가 매 학년 매 학기에 무엇을 배우는지 자세히 모르는 경우가 많습니다. 부모님이 무지해서도, 아이에게 관심이 없어서도 아닙니다.

부모님이 학교로부터 받는 여러 가지 안내를 떠올려봅시다. 알림장, 주간학습계획, 교과서와 노트···. 교과서를 보면 한 학기 또는 1년의 교육과정을 짐작할 수 있지만, 차분히 살펴볼 여유는 거의 없을 것입니다. 한 주간의 학습 내용이 담긴 주간학습계획을 안내하지 않는 학교도 있습니다. 다음 날의 시간표와 알림장을 살펴보는 것만으로도 부모님에게는 매우 많은 시간과 수고가 필요합니다. 게다가 학기 초에는 가정통신문이나 공지사항이 얼마나 많이, 자주 쏟아지는지요.

학교에서는 매해 또는 새 학기마다 '교육과정설명회'라는 것을 합니다. 여기에서는 각 반의 담임선생님을 소개하고, 학교의 교육방침과 체험 학습을 비롯한 각종 행사 일정을 설명합니다. 그런데 정작 이곳에서 우리 아이의 1년간 학습 내용에 대해 자세한 안내를 받아본 적이 있나요? 학급에서 1년의 교육과정을 소개하기도 하지만 시간 문제로 자세하게 설명하기는 매우 어렵습니다.

그렇다면 이대로 우리 아이가 무엇을 배우는지 잘 모르는 상태로 학교와 학원에 보내도 되는 걸까요? 모든 내용을 자세히 알 필요는 없지만 1학년 1학기에, 또 4학년 2학기에 무엇을 배우는지 대략 알고 있다면 어떨까요? 아이는 부모님에게 끊임없이 사랑과 관심을 받고 싶어 합니다. "요즘 학교에서 삼국시대에 대해 배우지? 엄마가 예전에 수학여행으로 경주에 갔었는데…" 이런 말만으로도 아이는 부모님이 자신에게 관심이 있다고 생각해 굉장히 기뻐합니다. 이는 아이가 자기 주도적으로 학교생활에 참여할 수 있는 동기를 부여하기도 합니다.

학습은 아이의 자존감과도 연결됩니다. 생각보다 많은 아이가 공부에 자신이 없고, 수업 시간에 앉아 있는 것을 힘들어합니다. 학습 부담은 중고생들뿐 아니라 초등학생들도 겪고 있는 문제입니다. 저학년도 예외가 아닙니다. 공부를 못하는 게 부끄러운 일이 아닌데도 또래 관계에서 많은 영향을 받는 아이들은 '친구들은 나랑 다르게 어쩜 이렇게 술술 잘하지?'라는 생각에 위축되기도 합니다.

미래는 현재의 순간들이 모여 만들어집니다. 지금 아이가 겪고 있는 어려움을 파악한다면 아이들의 인생 여정에서 지름길을 만들어줄 수 있습니다. 아이의 공부 실력은 집을 짓기 위해 벽돌을 하나둘 쌓아 올리듯 꾸준히 길러지기 때문입니다. 아이의 생활에 큰 부분을 차지하고 있는 학교와 공부에 조금이라도 관심을 기울인다면, 초등학교 졸업 시점에 우리 아이들의 모습은 많이 달라져 있을 것입니다.

02

초등 학습,
왜 중요할까요?

"올해 아이의 학교생활에서 어떤 목표가 있으신가요?"

학부모 상담을 할 때 이런 질문을 던지곤 합니다. 부모님 대부분은 아이가 건강하고 친구들과 즐겁게 학교생활하는 게 최고의 목표라고 대답합니다. 맞는 말입니다. 아이들에게는 건강과 행복이 가장 중요하니까요. 그렇다면 "공부는 필요 없고, 그냥 재밌게만 다니면 돼요"라는 말은 어떻게 생각하시나요? 모든 아이가 공부를 다 잘할 필요는 없습니다. 시험에서 꼭 100점을 맞아야만 하는 것도 아니고요. 그렇지만 학습 성취도가 바닥인 아이가 과연 학교를 '재미있게' 다닐 수 있을까요?

초등학교 3학년인 지섭이는 국어와 수학 교과에서 1, 2학년 때 배워야 할 기초학습을 익히지 못했습니다. 교과서의 글을 읽고 이해하는 데 어려움을 겪고 있으며, 곱셈구구(구구단)를 다 외우지 못해 계산 능력도 떨어집니다. 그러다 보니 수업 시간마다 "나 이거 잘 모르는데", "이런 거 못하는데"라는 말을 달고 있습니다. 당연히 집중력이 떨어지고 괜스레 종이를 만지작거리며 접었다 폈다, 낙서했다가를 반복합니다. 수업이 끝나기만을 기다리며 연신 시계를 쳐다보다 질문이라도 받으면 고개를 푹 숙이기 일쑤입니다. 하루의 5, 6교시 수업이 전부 이런 식으로 흘러갑니다. 지섭이의 학교생활이 정말 행복할까요?

아이들이 학교생활을 행복하게 하려면 무엇보다 '자존감'이 필요합니다. 자존감이란 자기 자신을 가치 있게 여기고, 긍정적으로 생각하는 마음가짐입니다. 학습이 부족한 학생은 공부에 관한 자신감이 결여되어 있기 때문에 높은 자존감을 갖기 어렵습니다. 모둠별로 해결해야 하는 활동과 과제를 이해하지 못하거나 제대로 수행하지 못할 때는 안타깝게도 모둠 활동에서 소외되기도 합니다. 100점을 맞을 정도로 공부를 잘해야 한다는 이야기가 아닙니다. 아이가 자존감을 갖고 친구들과 긍정적으로 상호작용할 수 있도록 최소한의 학습 목표는 달성하는 것이 좋다는 뜻입니다.

초등학교 시기는 교육과정에 제시된 다양한 개념을 배우며 뇌를 끊임없이 자극하는 때입니다. 데이비드 이글먼의 저서 『더 브레인』에 따르면 뇌에서는 뉴런들이 서로 연결되어 시냅스가 형성되면서 사고력이 높아집니다. 수학을 배우면 수학적 사고와 관련된 시냅스가, 국어를 배우면 문해력과 관련된 시냅스가 만들어집니다. 뇌를 사용할수록 시냅스가 견고해지면서 처음에는 오랜 시간이 걸리던 일도 단시간에 해결하게 됩니다. 글자를 배우기 시작할 때는 더듬더듬 책을 읽던 아이가 시간이 지나면 눈으로만 빠르게 읽으면서 내용을 이해하는 것처럼요.

시냅스는 계속 사용하지 않으면 사라집니다. '뇌의 가지치기' 라고도 하지요. 2살 아기는 100조 개가 넘는 시냅스를 가지고 있지만, 성인이 되면 그 수가 절반으로 줄어든다고 합니다. 아이가 성인이 되었을 때 아이의 뇌에는 어떤 시냅스가 남을까요? 적절하게 뇌를 발달시켜야 할 시기에 필요한 시냅스가 자리 잡지 않으면 그와 관련한 뇌 기능이 저하됩니다. 아이가 수학을 어려워한다고 포기해버리면 수학적 사고와 관련된 시냅스가 가지치기되어 평생 수학을 어려워하게 되는 것이지요. 따라서 어려운 목표보다는 아이가 할 수 있는 최소한의 목표를 설정해 조금씩 성장할 수 있도록 도와주는 것이 바람직합니다.

'수우미양가' 없는
생활통지표 해석법

    학생들은 방학이 시작되기 전 '생활통지표'를 받습니다. 처음 생활통지표를 받은 부모님들은 종이를 펴보고 깜짝 놀라시곤 합니다. 부모님 세대가 학교에 다니던 시절 받았던 통지표와는 사뭇 다르기 때문입니다. 성적을 수우미양가로 표시했던 과거와는 달리 요즘 아이들의 생활통지표에는 '쌍동그라미(◎), 동그라미(○), 세모(△)'가 등장합니다. 아이들의 과목별 성취도가 이 3개의 기호 중 하나로 표시되는 것입니다.

    부모님들의 의문은 커집니다. 쌍동그라미와 동그라미는 어느 정도의 수준인지, 세모는 아주 못한다는 뜻인지 정확히 알기 힘듭니다. 실력을 점수로 표기하고 서열화하던 옛날과는 다르게 현재의 구분법은 모호합니다. ◎는 잘함, ○는 보통, △는 노력 요함이라 하더라도 부모님들 입장에서는 더욱 명확하고 객관적인 지표가 궁금하기 마련입니다.

초등학교의 공식적인 평가는 학기 초에 시행하는 진단평가를 제외하면 '수행평가'가 유일합니다. 단원평가는 담임선생님의 재량에 따라 진행되는 비공식 시험입니다. 생활통지표에 기재되는 성적은 바로 수행평가의 결과입니다. 수행평가는 과거의 지필 시험처럼 문제를 푸는 방식이 아니라 각 단원을 학습하는 중간에 성취도와 수행도를 특정 과제로 평가합니다. 4~5문제의 쪽지 시험 형태이기도 하고 발표 수업 형식이기도 합니다. 모든 학교는 학기 초에 가정통신문으로 수행평가 영역과 주제를 안내합니다. 바쁜 학기 초에 모든 가정통신문을 꼼꼼히 살펴보기란 쉽지 않지만 '평가 안내문'은 반드시 자세히 살펴보아야 합니다.

예를 들어 4학년 아이가 수학 '수와 연산' 영역의 '소수의 크기를 비교하고 소수 두 자릿수의 덧셈과 뺄셈하기' 주제에서 ◎를 받았다고 해봅시다. 부모님은 '우리 아이가 수학을 잘하는구나'라고 생각하고 넘어가기 쉽습니다. 물론 아이가 이 부분을 잘해서 과제를 무난하게 통과한 것은 맞습니다. 하지만 이것만으로 4학년 수학 내용을 전부 이해하고 있다고 판단하기는 이릅니다. 수행평가는 정해진 평가 주제에 따른 과제만 잘 수행하면 ◎를 받을 수 있기 때문입니다. 그 과제는 잘 통과했지만, 다른 문제는 잘 풀지 못했을 수도 있습니다.

이번에는 2학년 아이가 국어 '쓰기' 영역의 '소개하는 글쓰기'에서 △를 받았다고 가정해봅시다. 부모님은 '아이가 세모를 받았다'라는 데 매우 놀라고 불안해합니다. 세모를 받았다면 글도 제대로 완성하지 못했을 테니까요. 고작 한 문장만 적었을 수도 있지요. 하지만 아이가 다른 주제로 글쓰기를 할 때는 조금 더 수월하게 썼을지도 모릅니다. 즉, 수행평가는 아이의 발달 정도와 성취도를 파악하는 데는 도움이 되지만, 이 결과만으로 모든 성취도를 판단하기에는 한계가 있습니다.

우리 아이의 통지표에 ◎가 있다면 그 과목의 해당 과제를 높은 성취도로 해냈다는 의미입니다. 만약 5문항의 과제가 있었다면 다 맞거나 하나 정도만 틀렸을 것입니다. ○를 받았다면 5문항 중 3문항 정도를 맞힌 보통 수준의 성취도를 보였다고 생각하면 됩니다. △를 받았다면 1문항 정도만 맞혔거나 모두 틀렸을 것입니다. 해당 과목에 부모님의 관심이 필요하다는 신호입니다.

초등학교 수행평가는 아이들의 과제 수행을 격려해주려는 목적에서 보통 후하게 점수를 주는 편입니다. 따라서 수행평가 결과만으로 아이의 미래를 그린다면 몇 년 후 중학교에 올라갔을 때 크게 당혹스러울 수 있습니다.

생활통지표에서 또 눈여겨봐야 할 부분은 '교과학습발달상황'입니다. 교과학습발달상황은 수행평가와는 달리 과목마다 4~5문장으로 표현합니다. 처음 생활통지표를 받아본 부모님들은 여기에서 2차로 당황합니다. '일이 일어난 차례를 생각하며 들을 수 있고 바른말을 사용해야 하는 이유를 설명할 수 있음'과 같은 문장이 적혀 있기 때문입니다. 이 문장만으로는 아이의 학습이 어느 정도 수준인지 가늠하기 어렵습니다.

교과학습발달상황은 학생이 각 교과에서 목표치에 도달했느냐 하지 않았느냐를 나타냅니다. 만약 통지표의 수학 과목에 '소수의 나눗셈을 매우 잘함'이라고 쓰여 있다면, 이는 말 그대로 소수의 나눗셈을 아주 잘한다는 뜻입니다. 만약 '소수의 나눗셈을 할 수 있음'이라고 쓰여 있다면 보통의 성취도라고 생각하면 됩니다. 이 분야에서 10문제 중 6문제 정도를 맞힐 만큼 기본적인 목표에는 도달했다고 판단하는 것입니다. '소수의 나눗셈을 하기 위해 노력함', '소수의 나눗셈 활동에 열심히 참여함'이라는 표현은 어떨까요? 안타깝게도 아이는 10문제 중 한두 문제를 맞히는 정도로 소수의 나눗셈을 어려워할 가능성이 큽니다.

생활통지표에 적힌 내용은 생활기록부에 남기 때문에 선생님들은 되도록 부정적인 표현을 사용하지 않습니다. 성취도가 많이 떨어져도 '수학을 못함'이라고 쓰기보다는 '수학을 열심히 하려고 노력함'처럼 발전 가능성이 있는 내용으로 바꾸어 작성합니다. 따라서 통지표에 부정적인 표현이 없다고 해서 '우리 아이가 그래도 이 정도면 괜찮구나'라고 안심하기보다는 숨은 의미를 확인해보는 과정이 필요합니다.

대다수 학급에서는 수행평가와 별개로 '단원평가'를 보기도 합니다. 단원평가는 가장 간단하고 편하게 아이들의 성취도를 파악하는 방법입니다. 아이들이 무슨 문제를 틀렸는지 바로 알 수 있으며, 만점 대비 점수를 계산하기도 쉽습니다. 단원평가는 대개 한 단원이 끝나고 나면 그 단원에서 배운 내용을 바탕으로 20문항 정도를 출제합니다. 하지만 학교에서 시행하는 공식 시험이 아니므로 실시하지 않거나 수학 같은 특정 과목만 보는 경우도 있습니다. 만일 아이의 학급에서 단원평가를 보지 않는다면, 부모님이 서점에서 시험지나 문제집을 골라 풀어보게 할 수도 있습니다. 진짜 학교에서 시험을 보는 것처럼 40분의 시간 제한을 두고 풀게 하고 채점한다면 아이의 대략적인 성취도를 쉽게 파악할 수 있습니다.

또 다른 방법으로는 '교과서 살펴보기'가 있습니다. 아이들은 대체로 교과서를 학교 사물함에 보관하고 집에 가져가지 않습니다. 하지만 교과서에는 아이에 대한 정보가 가득 담겨 있습니다. 따라서 한 달에 한 번, 혹은 분기마다 한 번과 같이 주기적으로 아이의 교과서를 확인해보는 일이 필요합니다. 글씨도 단정하고 거의 모든 페이지에 답변이 성실하게 기록되어 있다면 아이는 수업 시간에 열심히 참여하고 있을 겁니다. 하지만 낙서가 많고 답변을 적는 칸이 비어 있다면 아이는 수업 시간에 집중하지 못하고 수업을 잘 따라가지 못할 확률이 높습니다. 무료한 수업 시간을 견디기 위해 교과서를 조금씩 찢거나 구멍을 뚫는 아이도 있습니다. 생활통지표와 더불어 아이들의 교과서를 중간중간 확인한다면, 학업 성취도와 수업 태도를 짐작하기 쉽습니다.

부모님은 모르는
'기초학력평가'

　학교에는 수행평가와 더불어 공식적인 시험이 하나 더 있습니다. 바로 학년 초에 실시하는 '기초학력평가'입니다. 이것을 '진단평가'라고 부르기도 합니다. 이 시험을 보는 이유는 전 학년에서 배운 내용을 어느 정도 알고 있는지 확인하기 위해서입니다. 4학년이라면 3학년 때 배웠던 기초 교과 내용에 따라 시험 문제가 출제됩니다. 이 시험은 성적을 매기기 위한 시험이 아닙니다. 해당 학년의 수업을 따라가기 힘들 정도로 성취도가 미달인 아이들을 파악해 적절한 도움을 주는 것이 목적입니다. 따라서 시험 점수가 공개되지도 않고 부모님에게 별도의 결과지가 가지도 않기 때문에 이러한 시험이 있다는 것조차 모르고 지나가는 부모님도 있습니다.

4학년부터 6학년까지의 아이들은 보통 국어, 수학, 사회, 과학, 영어까지 다섯 과목의 시험을 보게 됩니다. 물론 출제 범위는 이미 배운 내용이고, 난이도 역시 쉬운 편입니다. 이전 연도에 저학년이었던 2학년과 3학년 아이들은 '읽기, 쓰기, 셈하기'를 시험 보게 됩니다. 한글을 읽을 수 있는지, 문장을 읽을 수 있는지, 간단한 낱말을 듣고 쓸 수 있는지 등을 평가합니다. 셈하기 역시 수를 셀 수 있는지, 한두 자리의 간단한 연산을 할 수 있는지 등을 알아봅니다. 저학년은 평가지 없이 구두로만 평가하기도 합니다.

난이도가 쉬우므로 아이들 대부분은 이 시험을 무난히 통과합니다. 하지만 만약 이 시험에서 기준점에 도달하지 못했다면 그때부터 선생님과 부모님이 할 일이 생깁니다. 학교에서는 이런 아이들을 위해 특별보충과정을 편성합니다. 주로 담임선생님을 비롯한 여러 선생님이 방과 후에 아이들을 지도합니다. 이 아이들은 이전 학년에서 배운 내용에 대한 성취도가 매우 낮기 때문에 새 학년에 올라서도 몹시 힘들어할 수 있습니다. 아이들은 학교에서 수업을 들으며 대부분의 시간을 보내는데, 하루 종일 알아듣지 못할 말만 듣고 있다면 얼마나 괴로울까요. 그 괴로움을 조금이라도 덜어주기 위해 보충 수업을 제공하는 것입니다.

하지만 여기에서 한 가지 주목할 부분이 있습니다. 평가의 결과와 더불어 '과목'을 봐야 한다는 것입니다. 특히 저학년에서 실시하는 '읽기, 쓰기, 셈하기' 검사가 아주 중요합니다. 이것은 아이들의 학습에서 가장 기초가 되는 부분으로 '독, 서, 산'이라고도 합니다. 나무로 비유하자면 뿌리에, 집에 비유하자면 튼튼한 기둥에 해당합니다. 따라서 아이들이 글을 읽고 쓸 수 있는지, 연산을 할 수 있는지는 고학년이 되어서도 끊임없이 점검해 보아야 할 요소입니다.

저학년 때는 단순히 한글을 읽는 능력을 봅니다. '구름', '나무' 같은 낱말을 읽을 수 있는지 물어보는 것이지요. 하지만 고학년으로 올라갈수록 긴 문장을 읽고 이해하는 독해력으로 확장해야 합니다. 실제로 많은 아이가 초등학교에 입학하기 전부터 한글을 배웁니다. 2학년쯤 되면 교과서에 나오는 글자들을 무리없이 읽어나가지요. 하지만 글자를 읽는 것과 내용을 이해하는 것은 다릅니다. '글자'는 읽을 수 있으나 그 안의 '내용'을 파악하기 어려워한다면 곤란합니다. 아이들의 성적은 바로 이 지점에서 갈라집니다.

쓰기 역시 마찬가지입니다. 읽기와 마찬가지로 '구름', '나무'

같은 단어를 듣고 쓸 수 있는지를 확인합니다. 하지만 고학년이 되어서도 간단한 낱말 쓰기에 만족할 수는 없겠지요. 논술이나 에세이 쓰기까지는 아니더라도 자기 생각을 짧게나마 글로 적을 수 있는 능력이 필요합니다.

셈하기는 기본적인 연산 능력을 갖추고 있는지를 확인합니다. 아무리 수학에서 어려움을 겪는 아이라도 저학년 때는 손가락을 활용한 한 자릿수의 덧셈, 뺄셈은 할 줄 알아야 합니다. 수학은 단계적인 성격이 강하므로 이것조차 선행되지 않으면 다음 학습으로 나아가기가 힘듭니다. 기본 연산 능력은 수학 교과 학습의 기초입니다. 셈하기는 수학 과목뿐 아니라 사회, 과학 등의 다른 교과에서도 다양하게 활용되기 때문에 셈을 잘하지 못한다면 다른 교과에서도 어려움을 겪을 확률이 높습니다.

이처럼 읽기, 쓰기, 셈하기는 교과 학습의 밑바탕입니다. 이 세 영역의 기본기가 잘 갖춰져야 아이들은 자존감을 가지고 수업에 참여할 수 있습니다. 학년이 올라갈수록 기초 수준에서 그치는 것이 아니라 그 학년에 적합한 읽기, 쓰기, 셈하기의 수준을 갖춰야 합니다. 그렇지 않다면 지금이라도 연습할 수 있도록 부모님이 도와줘야 합니다.

평생 공부의
기초를 닦아라

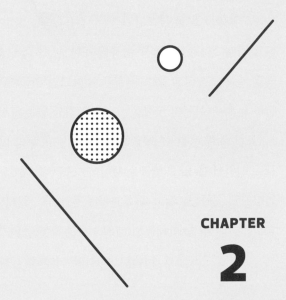

초등 입학 전에
한글을 떼야 할까요?

5~7세 자녀를 둔 부모님이라면 이런 고민을 하지 않을 수 없을 것입니다. 1학년 때부터 학교에서 한글을 배운다고는 하지만 정말 하나도 모르고 가도 괜찮은지 아니면 조금이라도 가르쳐야 하는 것은 아닌지 입학을 앞두고 걱정과 불안이 높아집니다.

1학년생 가운데 3분의 2가 넘는 아이들은 이미 입학 전에 한글을 배워서 옵니다. '한글을 뗐다'라고 표현하기에는 아직 불완전하므로 '배워서 왔다'라고 표현하겠습니다. 교육과정에서는 갓 입학해 1학년 1학기를 보내는 아이들이 한글을 모른다고 전제합니다. 따라서 교과서에서도 처음부터 한글을 읽고 쓰는 활동이 등장하지는 않습니다. 알림장도 마찬가지입니다. 고학년 아이들이 노트에 자기 손으로 알림장을 적는 것과 달리 1학년 때는 대개 담임선생님이 내용을 작게 프린트해 노트에 붙여줍니다. 요즘은 휴대폰 앱으로 알리기도 하고요. 한글을 모르고 입학해도 학교생활을 해나가는 데 큰 어려움을 겪지 않습니다.

하지만 학교생활은 교과서만으로 돌아가지는 않지요. 한글을 전혀 모른 채 입학하면 종종 당황스러운 일이 생깁니다. 아직 8살인 어린아이들은 말할 때 듣는 사람의 마음을 고려하기가 어렵습니다. 글자를 잘 모르는 친구를 보면 이렇게 직설적으로 말하기도 하지요. "야, 넌 아직 한글 쓸 줄 몰라? 난 6살 때 다 배웠는데." 심지가 굳은 아이는 "응, 몰라. 이제부터 배울 건데?"라고 맞받아치지만, 예민한 아이는 심리적인 압박을 느끼기도 합니다. 한글을 알고 있으면 자신감을 가지고 학교생활을 하기도 하고요. 물론 한글을 몰라서 배움에 더 흥미를 갖는 경우도 있지만요.

1학년 1학기 국어 교과서는 한글을 익히는 내용이 대부분입니다. 'ㄱ, ㄴ, ㄷ'부터 시작하므로 이미 한글을 잘 사용하는 아이들에게는 지루할 수도 있습니다. 실제로 수업 현장에서 "이거다 아는데 왜 해요?", "한글 언제 끝나요?"라고 질문하며 지겨워하는 아이들을 만나게 됩니다. 몇 분 만에 해결할 과제를 수십

분간 공부해야 하니 학교에 대한 첫인상이 '지겨움, 따분함'이 될 수 있습니다. 따라서 초등 입학 전에 한글을 가르칠지 여부에 대한 대답은 아이의 성향이나 마음가짐, 학습을 받아들이는 속도 등에 따라 달라질 수 있습니다.

그렇다면 학교 수업과는 별개로 아이에게 직접 한글을 가르치고 싶다면 어떻게 해야 할까요? 유아기에는 손가락의 소근육을 기르는 것부터 시작해야 합니다. 한글을 잘 살펴보면 여러 획이 있습니다. 가로로 뻗은 획, 세로로 뻗은 획, 조그마한 삐침, 동그란 모양… 열 칸짜리 노트의 칸 안에 이런 글자를 적기 위해서는 손가락 소근육을 세밀하게 움직여야 합니다. 따라서 유아기에는 다양한 선 긋기 연습을 자주 시켜주세요. 곧은 선, 굽은 선을 비롯한 다양한 선을 여러 방향에서 그릴 수 있도록 도와주어야 합니다. 초등학교에 입학해서도 아이가 한글을 잘 쓰지 못한다면 선 긋기 연습을 병행해야 합니다. 도무지 알아볼 수 없게 글자를 흘려 쓰는 아이들에게도 선 긋기 연습은 도움이 됩니다.

소근육이 어느 정도 발달했다면 본격적으로 한글 공부를 시작할 수 있습니다. 하지만 이때 한 가지 조심할 부분이 있습니다. 아이가 한글을 익힐 시기가 되면 가정에서는 흔히 '냉장고, TV, 책꽂이' 등 익숙한 사물에 이름표를 붙여둡니다. 이 방법은 아이가 사물의 이름을 '통글자'로 익히는 데는 도움이 되지만,

이것에만 전적으로 의존해서는 곤란합니다. 통글자로 한글을 잘 배우는 아이들도 있는가 하면, 다음과 같은 경우가 발생하기도 하기 때문입니다.

영선이는 이름표를 보며 통글자로 한글을 익혔습니다. '냉장고'라는 글자를 보고 영선이가 "냉장고!"라고 말하자 부모님은 몹시 기뻐했습니다. 그런데 이번에는 '고'라는 한 글자를 써주었더니 이내 고개를 갸우뚱합니다. 영선이는 '냉장고'라는 글자를 이미지처럼 인식했습니다. 그렇기 때문에 낱글자 하나는 읽지 못한 것입니다. 영선이에게 냉장고는 '냉+장+고'가 아니라 그냥 '냉장고'라는 하나의 이미지이기 때문입니다.

이런 문제에 대비하기 위해서는 '소릿값'을 익히는 게 중요합니다. 한글에는 자음과 모음이 있고, 각 자음과 모음에는 소릿값이 있습니다. 'ㄱ'은 '그' 소리가, 'ㄴ'은 '느' 소리가 나는 것처럼요. 아이들이 한글을 잘 읽으려면 이 소릿값을 알아야 합니다. 이때 자음과 모음이 섞인 자석을 활용하면 좋습니다. 아이에게 자석을 보여주면서 소리도 계속 함께 들려주어야 합니다. '기역, 니은, 디귿'과 같은 글자의 이름보다 소리가 더 중요합니다. 'ㄱ은 기역, 소리는 그'라는 것을 알아야 아이가 이를 조합해 글자를 읽을 수 있게 됩니다.

어린아이들에게는 학습에 대한 흥미를 불러일으켜 주어야 합니다. 따라서 아이가 한글을 배울 때 "매일매일 학습지 세 장씩 풀어. 안 그러면 놀이시간 없어"라고 압박을 주는 것보다는 일상생활에서 친숙하고 재미있게 배울 수 있도록 도와주어야 합니다. 여러 자음과 모음을 조합해 다양한 소리가 나온다는 것을 먼저 알려주고 자신의 이름, 부모님의 이름, 주변 사물의 명칭 등이 결합하는 과정을 보여주세요. 이런 반복적인 활동을 지겨워하면 찰흙이나 클레이로 한글 자모음을 같이 만들어보세요. 아이의 소근육을 기르는 데 많은 도움이 될뿐더러 아이가 더 즐겁게 한글을 배울 수도 있습니다.

모국어인데
꼭 따로 공부해야 하나요?

아이가 초등학생이 되면 많은 학부모님이 수학과 영어 학원의 문을 두드립니다. 이 두 과목은 학교 수업과는 별개로 더 공부해야 잘할 수 있다고 생각하기 때문이겠지요. 반면 국어는 학교에서 배우는 내용과 독서로 충분하다고 생각하기도 합니다. 태어날 때부터 사용해온 모국어이므로 굳이 따로 공부해야 할 필요성을 잘 못 느끼기도 하고요.

하지만 학창 시절 치렀던 국어 시험을 떠올려봅시다. 어떤 문제가 출제되었는지는 기억나지 않더라도 정답을 몰라 헤맸던 경험은 또렷할 것입니다. 저 또한 그랬거든요. 분명 다 읽을 수 있는 글인데, 도통 무슨 뜻인지를 몰라 답을 고르지 못하겠는 겁니다. 우리 아이들도 마찬가지입니다. 한글을 익히면 교과서의 글은 무리 없이 읽을 수 있지만, 그와는 별개로 내용을 100퍼센트 이해하는지는 의문입니다.

국어 단원평가를 치러보면 아이들은 의외로 많은 문제를 틀립니다. 문제는 이미 배운 범위에서 출제되므로 글의 내용은 잘 알고 있을 것입니다. 그렇다면 왜 틀리는 걸까요? 문제 자체를 이해하지 못하기 때문입니다. 문제의 의도를 잘못 파악해 엉뚱한 답을 고르는 것입니다. 또 이런 이유도 있습니다. 글의 내용은 대강 파악하고 있지만, 한 문장, 한 문장을 자세히 들여다보지 않은 것입니다. 교과서에서 배운 글도 이렇다면 처음 마주하는 글은 어떨까요? 올바르게 읽고 내용을 잘 이해할 수 있을까요?

그나마 초등학교 때는 국어 시험 점수가 썩 나쁘지 않을 것입니다. 그러나 중·고등학생이 되면 어떨까요? 최근 대학수학능력시험 국어 영역의 문제를 보신 적이 있나요? 이미 수능을 치른 많은 사람이 이를 보고 세 번 놀랍니다. '언어 영역이 아니라 국어 영역이라고?'에서 한 번, '국어 듣기 평가가 없다고?'에서 두 번, '글이 왜 이렇게 어려워?'에서 세 번. 대학 입시에서 영어가 절대평가로 바뀌면서 상대적으로 국어와 수학의 난이도 또는 중요성은 올라갔습니다. 입시의 구조상 변별력을 높이기 위한 난이도 조절은 불가피합니다. 입시에 중점을 두고 아이의 공부에 신경 쓰는 부모님에게 국어는 어릴 때부터 절대 간과할 수 없는 과목입니다.

입시 때문만은 아닙니다. 국어는 일상생활에서도 매우 중요합니다. 게다가 국어는 다른 학습의 밑바탕이 되는 '도구 교과'로서의 성격이 있으므로 국어를 제대로 하지 못하면 다른 교과에도 영향을 미칩니다. 초등학교 3학년부터는 교과서에서 텍스트의 비중이 월등히 높아집니다. 고학년으로 갈수록 더욱 그렇죠. 글을 읽고 내용을 잘 파악해야 사회나 과학 같은 다른 과목들도 잘 공부할 수 있습니다. 흔히 가장 중요하다고 생각하는 과목인 수학도 그렇습니다. 연산은 할 수 있으나 정작 문제의 뜻을 파악하지 못해 틀린다면 정말 안타까울 것입니다.

그렇다면 국어는 어떻게 공부해야 할까요? 가장 중요한 것은 역시 독서입니다. 심심풀이로 하는 독서도 괜찮지만, 책에 몰입하는 습관을 만들어주는 것이 필요합니다. 초등학교 3학년 무렵부터는 국어 문제지를 푸는 것도 도움이 됩니다. 이때 아이에게 문제집을 무조건 몇 장씩 풀라고 닦달해서는 절대 안 됩니다. 한 문제를 풀더라도 아이가 성취감을 느끼도록 도와주세요.

03

국어 공부를
어떻게 시작하면 좋을까요?

　그렇다면 국어 공부는 어떻게 시작하는 것이 좋을까요? 교과서? 문제집? 다 좋은 방법이지만 가장 강조하고 싶은 것은 '바르게 듣기'와 '독서'입니다. 바르게 듣기는 '경청'이라고도 하지요. 초등학교에서 배우는 국어는 듣기·말하기, 읽기, 쓰기, 문법, 문학의 총 5가지 영역으로 구분됩니다. 그중에서도 초등학교 저학년 때부터 가장 공을 들여야 하는 습관은 바로 듣기입니다.

　왜 저학년에서 듣기가 중요할까요? 저학년은 한글을 배우는 시기이기 때문에 선생님의 설명이 음성 언어로 전달되는 비중이 높습니다. 즉, 선생님의 말을 잘 들어야 아이가 여러 활동을 차질 없이 해나갈 수 있다는 의미입니다. 평상시 듣기 훈련이 잘 되어 있지 않으면 선생님의 말을 놓치고 '무엇을 해야 하는지' 모르는 상태가 되는 경우가 많습니다. 친구들과 의사소통할 때도 듣기 능력이 약하면 오해가 생겨 갈등이 커지기도 합니다.

고학년이 되어서도 마찬가지입니다. 고학년이 되면 긴 글을 읽고 쓰는 능력은 물론, 토론에서 상대방을 설득하는 능력도 기르게 됩니다. 이때 바르게 듣기, 즉 경청 훈련이 잘 되어 있지 않다면 제대로 의사소통하기는 어렵겠지요. 고학년으로 올라갈수록 선생님의 설명이 더 어려워지는 것도 당연한 일이고요. 평소에 잘 듣는 연습이 되어 있어야 국어를 비롯한 다른 교과도 잘할 수 있습니다.

그렇다면 듣기 능력은 어떻게 길러줄 수 있을까요? 가정에서 평소에 경청의 중요성을 강조하고 연습을 시켜주는 것이 좋습니다. 누군가와 대화할 때는 항상 상대방을 바라보게 하세요. 아이는 눈을 맞추며 의사소통하는 즐거움을 배워야 합니다. 말을 듣다가 중간에 하고 싶은 말이 생겨도 참으면서 상대방이 말을 끝낼 때까지 기다리게 해주세요. 그리고 대화에서 반응하는 방법을 알려줍니다. 고개를 끄덕끄덕하는 비언어적 표현부터 "네, 맞아요" 등의 언어적 표현까지 다양한 방법이 있다는 것을 보여주세요.

경청하는 기본자세가 갖추어졌다면 활용 방법을 구체적으로 연습해볼 수 있습니다. 먼저 아이에게 전래 동화 같은 재미있는 이야기를 들려줍니다. 그러고 나서 잘 들었는지 몇 가지 확인하는 질문을 던집니다. "이야기 속에 누가 나왔지?", "주인공이 먹은 음식이 뭐였지?"라는 단순한 질문도 괜찮습니다. 아이가 자연스럽고 편안하게 이야기에 집중할 수 있도록 해주세요. 아이가 시간을 잘 견디고 이야기를 끝까지 들었다면 스티커와 같은 작은 보상을 해주어도 좋습니다. 보상은 신중해야 하지만 적절히 사용한다면 어린아이들이 습관을 길러 나가는 데 좋은 수단이 되지요.

아이가 한글을 익히다 보면 혼자 책을 읽을 수 있는 때가 옵니다. 그럴 때도 곧바로 읽기 독립을 시키기보다는 하루에 한 번 정도는 부모님이 책을 읽어주는 시간을 가져보세요. 아이의 눈으로는 책의 그림과 글자를 보게 하고, 귀로는 부모님이 읽어주는 목소리를 듣게 합니다. 이렇게 하면 아이가 소리와 글자의 관계를 더 잘 파악할 수 있어 듣기와 읽기 능력이 모두 길러집니다. 아이가 고학년이 되어도 책 읽어주기가 계속되어야 하는 이유입니다.

저학년 때부터 아이가 꾸준히 독서할 수 있도록 격려하고 도와주세요. 아이 혼자 모든 것을 척척 해내기를 기대하기는 어려우므로 반드시 옆에서 부모님이 함께하며 롤모델이 되어주어야 합니다. 부모님이 집에서 책을 읽는 모습도 보여주세요. 아이들 대부분은 부모님이 무언가를 하는 모습을 보면 따라 하고 싶어 합니다. 핵심은 저학년 때부터 독서에 대한 흥미를 키워주는 것입니다. 어릴 때부터 지나치게 어려운 책을 읽히고, 독후감 등을 강요하기보다는 손이 가는 책을 편안하게 읽을 수 있게 도와주세요. 아이를 데리고 도서관이나 서점에 자주 방문하고, 함께 책을 읽고 대화를 나눈다면 더할 나위 없겠지요.

이렇게 바르게 듣기 연습부터 책 읽는 습관까지 정착된다면 아이의 국어 공부는 완벽하게 준비된 셈입니다. '시작이 반이다'라는 말처럼 이후에는 아이 스스로도 국어 공부를 잘해나갈 수 있을 거예요.

집에서는 목소리가 큰데
학교에만 가면 작아져요

아이들의 공개 수업에 참여해보신 적이 있나요? 부모님들의 기대와 달리 초등학교 발표 수업 시간은 진행하기가 쉽지 않습니다. 아이들의 목소리가 작기 때문입니다.

발표 상황은 크게 두 가지로 나뉩니다. 첫 번째는 선생님의 질문에 손을 들고 대답하는 상황입니다. 주로 간단한 대답을 자리에 앉아서 혹은 일어서서 하게 됩니다. 두 번째는 반 친구들 앞에 나와 자신이 준비한 글이나 자료를 소개하는 상황입니다. 교실 앞에 나와야 하기 때문에 더 부담스러울 수 있습니다. 한 반의 학생 수가 30명이라고 가정하면, 그중 5명 정도만이 모두가 알아들을 수 있을 만큼 큰 소리로 발표합니다. 나머지 학생들의 목소리는 작아서 잘 들리지 않습니다. 그중 일부는 옆에 있는 선생님도 알아듣기 힘들 정도로 목소리가 움츠러들곤 합니다.

학부모 상담을 할 때 많은 부모님이 궁금해하는 것 중 하나가 '우리 아이가 발표를 잘하는지' 여부입니다. 그리고 이렇게 이야기합니다. "집에서는 목소리도 크고 말도 잘하는데요⋯⋯." 왜 아이들은 학교에서는 다른 사람이 된 것처럼 말을 크게 하지 못하는 걸까요?

첫 번째 이유는 '수줍음' 때문입니다. 이런 아이들은 여러 사람 앞에서 말하는 상황 자체에 긴장합니다. 집에는 익숙한 대상인 가족만 있기 때문에 큰 소리를 내는 것이 편안합니다. 하지만 학교에는 다가가기 어려운 선생님도 있고, 친하지 않은 친구들도 있습니다. 무엇보다 사람들이 자신을 바라보고 주목하는 상황이 부담스럽습니다. 교과서나 노트에는 훌륭한 답변을 적었지만, 긴장감 때문에 목소리가 커지지 않습니다. 발표 내용과 상관없이 긴장하는 것입니다. 이런 아이들은 성장하면서 자연스레 발표하는 상황에 익숙해지기도 합니다. 살면서 발표를 평생 피할 수도 없고 떨리고 힘들지라도 막상 부딪혀보면 그렇게 큰일이 아니라는 걸 경험할 수 있게 해주어야 합니다.

두 번째 이유는 '자신감' 때문입니다. 내가 발표하는 내용이 부족하다고 생각하는 것입니다. 이런 아이들은 수업 전에 미리 메모지나 노트, 또는 교과서 한구석에라도 간단히 발표 내용을 준비해두는 게 좋습니다. 아직 글을 잘 쓰지 못하는 저학년 아이라면 머릿속으로라도 할 말을 떠올려보는 과정이 필요합니다. 교실 앞에 나와 발표하는 수업이라면 보통 준비할 시간이 충분합니다. 이런 수업을 부담스러워하는 아이는 발표하기 전날 가족들 앞에서 미리 연습해보는 것도 좋은 방법입니다.

'자신 있게 말하기'는 1학년과 2학년 국어 교과에서 반복되어 등장할 만큼 매우 중요한 학습 주제입니다. 고학년이 되어 다른 교과를 배울 때도 꼭 필요한 능력입니다. 공부 면에서만 중요한 것이 아닙니다. 친구들과 의사소통할 때도 목소리가 분명하지 않으면 불편하거나 오해받는 일이 생깁니다. 한 2학년 여자아이는 새 학기가 시작된 지 꽤 지났는데도 친구들과 잘 어울리지 못했습니다. 반 아이들과 상담해보니 '○○이가 무슨 말을 하는지 모르겠다'는 대답이 돌아왔습니다. 평소에 발음이 어눌하고 목소리가 작아 대화하는 과정에서 친구들이 불편함을 느낀 것입니다.

아이의 목소리가 학교에서만 움츠러든다면 이렇게 해보세요. 교과서나 쉬운 동화책을 여러 번 소리 내어 읽도록 합니다. 이때는 쉽고 간단한 문장으로 구성된 책이 좋습니다. 어느 정도의 목소리 크기가 좋은지 배우기 위해 부모님이 조금 떨어진 위치에서 여러 크기의 목소리로 읽어주면서 들어보도록 할 수도 있습니다. 아이가 읽을 때는 부모님이 옆에서 같이 들어주면서 목소리의 크기를 가늠해주세요. 절대 닦달하거나 큰 소리를 내지 말고, 시도하는 것 자체에 칭찬과 격려를 해주세요. 아이에게 윽박지르는 순간, 아이의 목소리는 더욱 작아집니다.

05

받아쓰기와 일기,
어떻게 알려줘야 할까요?

저학년 글쓰기에서 가장 고민되는 것은 '받아쓰기'와 '일기'입니다. 받아쓰기는 1학년에서는 실시하지 않습니다. 1학년 1학기에 한글을 배우기 시작해 1학년 교육과정 내내 한글을 읽고 쓰는 과정을 연습하기 때문입니다. 담임선생님의 재량에 따라 받아쓰기를 하는 학급도 있으나 각 지역 교육청에서는 1학년 받아쓰기를 지양하도록 권하고 있습니다. 알림장과 같은 다른 쓰기 활동도 거의 하지 않습니다. 받아쓰기는 2학년 때부터 본격적으로 시작한다고 보면 됩니다.

그렇다면 받아쓰기는 어떻게 할까요? 학교별, 학급별로 차이는 있지만 보통 국어 교과서의 각 단원에서 10문장 정도를 선별해 리스트를 만들고 학기 초에 학생들에게 나누어줍니다. 받아쓰기 급수장이라고도 하지요. 미리 확인하고 연습할 시간을 확보할 수 있게 하는 것입니다. 국어 교과서의 한 단원이 끝나면, 그 단원의 받아쓰기 문장들을 시험 봅니다. 맞춤법은 물론 띄어쓰기와 문장 부호까지 맞게 써야 합니다. 선생님마다 채점 방식도 다양해 문항별 채점을 하기도 하고, 글자를 하나씩 채점하는 경우도 있습니다.

받아쓰기를 할 때 가장 어려운 점은 아이들이 지루해한다는 것입니다. 교과서에 있는 익숙한 문장임에도 같은 문장을 반복해서 쓰고 공부하는 것 자체를 힘겨워합니다. 글쓰기가 점수화되기 때문에 부담을 느끼기도 합니다. 100점을 맞은 아이는 방방 뛰며 기뻐하고, 틀린 문장이 많은 아이는 시무룩해합니다. 9살 아이가 점수로 인해 고개를 숙이고 속상해하는 모습을 보면 마음이 아픕니다.

받아쓰기를 잘하려면 꾸준히 연습하는 수밖에 없습니다. 학교에서도 연습하지만, 시간이 충분하진 않습니다. 아이를 붙잡고 가르칠 여유가 없다면 하루에 10분이라도 내어보세요. 부모님과 같이 문장을 읽고, 따라 쓰고, 점검하는 과정들은 분명 아이들의 마음과 머리에 양분이 될 것입니다. 똑같은 문장을 기계적으로 열 번, 스무 번씩 적는 것은 큰 도움이 되지 않습니다. 머릿속으로는 다른 생각을 하면서 팔만 아픈 경우가 많거든요. 같이 읽어보고 쓴 후에, 문장을 보지 않은 상태에서 여러 번 받아쓰기 실전 연습을 해보는 것이 가장 좋습니다.

육박지르거나 으름장을 놓는 것은 좋지 않습니다. 아이들은 생각보다 받아쓰기라는 시험에 큰 부담을 느끼므로 칭찬과 격려가 가장 좋은 약입니다. "100점 맞으면 선물 줄게"라는 보상을 거는 것도 긍정적이지만 주의할 필요가 있습니다. 앞으로 보상이 걸리지 않은 시험에서는 큰 동기를 느끼지 못할 수도 있기 때문입니다. 한글을 익힌 아이는 꾸준히 연습하기만 해도 모두 받아쓰기를 잘할 수 있습니다.

일기 쓰기는 1학년 1학기 마지막 단원에 '그림일기'가 등장하면서 시작됩니다. 이때는 일상을 몇 문장 적는 것이 목표일 정도로 글의 비중은 아주 적습니다. 그러다 2학년부터는 글 위주의 일기를 쓰게 됩니다. 아이들이 가장 쉽다고 생각하면서도 어려워하는 것이 일기입니다. 관심을 기울이지 않으면 단순한 하루 일과 기록이나 식사 메뉴 기록장이 되기도 합니다.

일기에서 가장 중요한 것은 '글감 떠올리기'입니다. 제가 어릴 때 썼던 일기들을 다시 읽어보고 황당했던 적이 있습니다. "오늘은 된장국을 먹었다. 참 맛있었다", "오늘은 라면을 먹었다. 참 맛있었다"와 같은 식사 메뉴 기록이 반복되고 있었기 때문입니다. 이런 식의 일기를 쓰지 않으려면 일기를 쓰기 전 성찰하는 과정이 매우 중요합니다. 하루를 되돌아보면서 가장 인상 깊었던 일을 떠올리는 것입니다. 이렇게 요구하면 아이들은 매우 어려워합니다. 매일 학교와 학원만 오가는 똑같은 일상이 반복되고 있으니까요. 소풍이나 운동회 같은 특별한 이벤트가 있는 날이 아니고서는 도대체 무엇을 적어야 할지 막막하기만 합니다.

이럴 때는 '주제가 있는 일기'를 쓰게 하면 좋습니다. '오늘 먹었던 음식 중에 가장 맛없었던 음식에 대해 써보기', '오늘 읽었던 책에서 가장 기억에 남는 장면 써보기', '오늘 가장 화났던 일을 써보기' 등 아이들의 생각을 구체화할 수 있는 주제를 던져주면 조금 더 편하게 글감을 떠올릴 수 있습니다. 서점에서 글감을 제시해주는 글쓰기 책을 구입해 도움을 받아도 좋습니다.

일기에서 중요한 또 한 가지는 '감정 표현'입니다. 저의 초등학교 시절 일기는 '참 맛있었다'와 '참 재밌었다'가 반복되는 일기였습니다. 아이들 역시 일기를 쓸 때 감정과 생각을 넣어보라고 하면 '재밌었다', '좋았다'만 반복하는 경우가 흔합니다. 반면 재밌는 일을 경험한 다음에 느끼는 감정은 매우 다양하지요. 기뻤다, 신났다, 행복했다, 즐거웠다, 하늘을 날 것 같았다 등 다양한 단어가 등장합니다. 이런 어휘력과 감정 표현은 풍부한 독서 경험에서 저절로 길러지기도 합니다. 하지만 아이의 어휘력이 아직 부족하다면 '감정 카드'를 써볼 수도 있습니다. 시중에 판매되는 감정 카드 세트에는 여러 가지 감정 표현 단어가 그림과 함께 실려 있습니다. 아이와 함께 이 카드들을 살펴보면서 특정 상황에서 쓸 수 있는 감정을 골라보게 합니다. 그리고 그 단어들을 사용해서 일기를 쓰게 하면 표현이 더욱 다채로워질 것입니다. 빈 종이에 글자를 쓰고 그림을 그려 감정 카드를 직접 만들 수도 있습니다.

일기를 꾸준히 쓰는 것은 문장력 향상, 자기 성찰에 도움이 되지만 매일 강제로 쓰게 할 필요는 없습니다. 지나치게 강요하다 보면 오히려 거부감을 느낄 수도 있습니다. 그보다는 일주일에 한 편이라도 꾸준히 적어보는 것이 중요합니다. 또한 아이들이 일기를 쓸 때는 맞춤법에 얽매이지 않도록 해주세요. 일기는 맞춤법보다는 자유로운 표현이 중요한 활동입니다. 그리고 어느 정도 나이가 들어 사춘기 무렵에 접어들면 일기장을 확인하지 마세요. 사춘기 이전이라도 아이가 일기를 보여주기 싫어하면 강요하지 않는 것이 좋습니다. 일기는 온전한 아이의 영역으로 남겨두고, 아이의 글쓰기는 다른 방법으로 확인하면 됩니다.

06

아이가 자꾸
학습만화만 봐요

독서의 중요성은 아마 모든 부모님이 공감할 것입니다. '책 육아'라는 말이 있을 정도로 아이가 어렸을 때부터 독서 습관을 길러주려는 부모님도 많습니다. 독서는 문해력을 향상시키고, 사고의 기초를 마련해줍니다. 즉, 독서로 뇌를 열심히 자극하면 어려운 글도 쉽게 읽어내고, 복잡한 내용도 이해할 수 있습니다. 하지만 아이가 유아기를 거쳐 초등학교 때까지 꾸준히 독서를 하도록 지도하는 게 쉽지는 않습니다.

초등학교 저학년 시기에는 아이들이 많은 책을 읽습니다. 1년에 100권이 훌쩍 넘을 만큼 책을 읽는 아이들도 있습니다. 저학년 아이들이 주로 보는 책은 두께가 얇고 글자가 크며 내용이 쉬운 편입니다. 그러다 보니 짧은 시간에 한 권을 읽을 수 있습니다. 하지만 고학년으로 올라가고 중학생이 되면서 아이들이 책을 읽는 권수와 횟수, 시간은 현저히 줄어듭니다. 점점 배우는 과목, 다니는 학원의 종류도 늘어나면서 학교 숙제와 학원 숙제를 하고 나면 책을 읽을 시간도 충분하지 않습니다. 게다가 저학년 때 읽었던 얇고 쉬운 동화책과는 달리 읽어야 할 책의 난도가 높아져 독서에 흥미를 잃게 됩니다.

그럼에도 아이들 사이에서 인기가 많은 책이 있습니다. 바로 '학습만화'입니다. 역사, 과학, 한자 등 내용을 막론하고 많은 분야의 학습만화가 시중에 나와 있지요. 저학년 때는 학습만화를 보더라도 이해해주는 부모님이 많습니다. 하지만 학년이 올라가도 아이가 학습만화만 읽고 있다면 부모님의 마음은 불안해집니다. '얘는 왜 만화만 보는 걸까? 이제 긴 글도 읽어야 하지 않을까?' 조급한 마음에 학습만화는 금지하고 권장도서를 강제로 읽게 하는 경우도 있습니다. 학습만화는 무조건 못 읽게 해야 할까요?

당연히 봐도 됩니다. 부모님들이 걱정하는 이유는 학습만화에서 '만화'라는 단어에 마음이 걸리기 때문입니다. 부모님 세대도 어린 시절에 만화를 보면서 자랐지만, '만화는 좋지 않다'라는 편견 또한 있었지요.

아이들은 학습만화를 읽으며 역사, 과학, 한자 등 다양한 분야의 지식을 습득합니다. 이렇게 쌓인 배경 지식은 훗날 학교 공부에 필요한 자양분이 됩니다. 배워야 할 학습 주제와 관련된 배경지식을 얼마나 갖고 있느냐에 따라 학습 동기와 성취도는 달라집니다. 초등학교 고학년이 되어 사회 수업에서 역사적 사건을 배울 때, 만화에서 읽은 내용을 기억하고는 "저 이거 알아요!" 하면서 의욕적으로 참여하는 경우도 있습니다. 이런 부분들은 아이의 공부에 상당한 도움이 됩니다.

또한 아이들의 기나긴 공부 여정을 고려했을 때, 초등학교 시기의 아이들이 먼저 갖추어야 할 능력은 긴 글을 읽고 소화하는 것보다 엉덩이를 붙이고 오래 집중하는 능력입니다. 즉, 자기가 원하는 책을 고르고, 읽으면서 독서에 취미를 붙이는 것이 우선입니다. 아이에게 재미도 없는 책을 양질의 '권장도서'라는 이유로 읽으라고 강요하면 독서에 대한 반감을 불러일으키고 흥미와 의욕을 떨어뜨릴 수 있습니다. 하지만 아이가 학습만화를 좋아한다면, 책을 폈을 때 훨씬 집중하고 몰입할 수 있습니다. 교실에서도 책에 흠뻑 빠져 있는 아이는 선생님이 앞에서 큰 소리로 불러도 듣지 못하는 경우가 많습니다. 이런 아이들은 자라면서 자연스럽게 다양한 책으로 독서 활동을 확장하게 됩니다.

물론 학습만화가 장점만 있는 것은 아닙니다. 만화만 보는 아이들을 바라보는 부모님의 걱정되는 마음 또한 이해합니다. 아이가 지나치게 거부하거나 힘들어하지 않는다면 적절한 시기에 글밥이 많은 책으로 서서히 넘어가는 게 좋습니다. 아이들은 보통 3, 4학년이 되면 스토리가 길고 그림보다는 글이 많은 동화책을, 5, 6학년이 되면 훨씬 더 긴 책을 읽게 됩니다. 학습만화처럼 '쉬운 독서'에 익숙해진 아이들은 다짜고짜 긴 텍스트만으로 이루어진 책을 펼치면 피하고 싶어 합니다. 이럴 때는 아이의 관심사를 열심히 찾아보아야 합니다.

　　아이들을 데리고 도서관에 가보면 평소 책 읽기를 싫어하는 아이들도 자신의 관심 분야 앞에서는 눈이 반짝입니다. 책 표지를 보여주는 것만으로도 아이들의 흥미를 유발할 수 있습니다. 이때 아이들은 자기가 관심 있는 책만 읽으려고 할 수도 있습니다. 공룡에 관한 책만 읽는 아이, 파충류에 관한 책만 읽는 아이를 보면서 부모님들은 때로 고민에 휩싸이기도 합니다. 아이가 다양한 주제의 책을 골고루 읽기를 바라기 때문이죠. 하지만 아이의 '독서 편식'을 걱정하기보다는 하나의 주제를 깊게 들여다보는 것도 좋은 방법입니다. 곤충을 좋아하는 아이라면 곤충과 관련된 학습만화부터 시작해 곤충 백과, 곤충과 관련된 동화책 등 다양한 책을 읽을 수 있도록 해주세요. 뭐든 재미가 있어야 오래 할 수 있습니다.

집에서는 부모님도 함께 책을 읽는 것이 좋습니다. 아이에게는 혼자 30분간 책을 읽으라고 하고, 부모님은 옆에서 TV를 보거나 스마트폰을 들여다본다면 아이 역시 책을 읽고 싶지 않을 것입니다. 때로는 벌받는 기분을 느끼기도 합니다. 아이가 책을 읽을 때 부모님이 옆에서 신문이나 잡지를 읽는 것만으로도 아이들에게 동기부여를 할 수 있습니다. 같은 책을 읽으면 더욱 좋습니다. 책을 읽고 나면 편하게 대화를 나눠보세요. 영화관에서 함께 영화를 보고 그 영화에 대한 이야기를 하는 것처럼요. 이렇게 하면 강제로 독서감상문을 쓰게 하는 것보다 독서에 대한 흥미를 더욱 높여줄 수 있습니다.

07

국어 문제집,
꼭 풀어야 하나요?

아이의 국어 단원평가 결과를 받아본 적이 있나요? 초등학교 단원평가는 쉬운 편이라지만, 앞으로 입시에서 국어가 점점 어려워진다고 하니 걱정도 커져만 갑니다. 수학, 영어 과목과 마찬가지로 학원에 보내거나 학습지를 시켜주면 되는지, 아니면 시중에 나온 문제집으로도 충분한지 고민되게 마련입니다. 꾸준히 책을 읽고 받아쓰기 연습을 하는 것만으로도 버거운데 말이죠.

수학이나 영어처럼 국어도 문제집을 많이 풀며 연습해야 할까요? 답은 '아이에 따라 다르다'입니다. 만약 각종 평가에서 좋은 점수를 내고 싶다면 국어 문제 풀이는 반드시 필요합니다. 그러나 그보다는 아이의 상황을 잘 진단하는 것이 우선입니다.

평소에 독서를 잘 하지 않고 읽기 자체를 힘들어하는 아이라면 먼저 독서 습관을 갖춰주어야 합니다. 독서 습관이 몸에 배지 않은 아이에게 책상 앞에 앉아 문제집을 풀라고 하면 굉장히 힘들고 지겨워합니다. 한자리에 앉아 오랜 시간 집중해 글을 읽는 훈련이 되지 않았기 때문이지요. 이런 아이에게 "하루에 문제집 3장씩 풀어"라고 하는 것은 큰 효과를 기대하기 어렵습니다. 따라서 재미있는 책을 읽으면서 읽기에 흥미를 키워주는 것이 우선입니다.

쉬운 문제집부터 시작하는 방법도 있습니다. 아이가 앉아서 쉽게 해결할 수 있는 문제부터 주는 것입니다. 지금 4학년인 아이가 4학년 과정의 국어 문제를 힘들어한다면 3학년 문제를 줄수도 있습니다. 적당히 어렵고 적당히 쉬워야 성취감을 느끼면서 계속 학습할 수 있습니다. 이것도 힘들다면 책상 앞에 앉아 경필 쓰기 같은 단순한 활동을 시킬 수도 있습니다. 경필 쓰기란 글씨를 바르게 쓰는 연습을 말합니다. 요즘은 동시 따라 쓰기, 명언 따라 쓰기 같은 책들을 활용하여 좋은 문장을 읽어보고 따라 쓰기도 합니다. 처음에는 10분, 다음에는 12분, 단계적으로 책상 앞에 앉아 있는 시간을 조금씩 늘리면서 아이 스스로 그 과정에 익숙해지게 해야 합니다.

　어느 정도 읽기가 정착된 아이라면 문제집을 시작해도 괜찮습니다. 국어 공부에서는 독서가 가장 중요하지만, 문제집을 푸는 것도 이점이 있습니다. 어떤 면에서 그럴까요? 입시와 학교에서 치르는 시험을 떠올려보세요. 객관식 문제가 대다수입니다. 조금이라도 더 좋은 점수를 받기 위해 문제 풀이 연습은 필수입니다. 좋은 점수를 받는 것이 인생의 목표까지는 아니더라도 어떤 목표를 달성하기 위한 수단이 될 수는 있으니까요. 실제로 학교에서 여러 평가를 치르다 보면 안타까운 경우를 많이 접합니다. 내용을 몰랐다기보다 문제 풀이 요령이 없어서 틀리는 일이 많기 때문입니다. 문제에서 '모두 다 고르세요'라고 했는데 습관적으로 하나만 고르거나 '틀린 것을 고르세요'라고 했는데 맞는 걸 골라서 틀립니다. 꾸준한 문제 풀이 연습은 이러한 실수를 줄여줄 수 있습니다.

　또한 국어 문제 풀이를 연습하다 보면 글의 중심 내용 찾기, 틀린 부분 찾기 등 다양한 방식으로 글을 살피며 읽게 됩니다. 아이들이 동화책을 읽을 때는 처음부터 끝까지 흐름에 따라 내용을 이해합니다. 하지만 문제를 풀 때는 다시 글의 처음으로 돌아가거나 문제에 따라 다른 방향에서 사고해보는 등 접근 방식이 달라집니다. 창의성이 중요한 국어 같은 과목을 사지선다의

틀에 가두어 문제 풀이만 시키는 것은 좋지 않겠지만, 높은 점수가 필요한 아이들에게는 이러한 방식도 도움이 될 수 있습니다.

그렇다면 좋은 문제집은 어떻게 고를 수 있을까요? 아이가 문제집 한두 장을 풀었을 때 너무 쉽거나 어려운 것은 고르면 안 됩니다. 다 맞을 정도로 쉬운 문제집은 실력 향상에 도움이 되지 않습니다. 절반 가까이 틀릴 만큼의 난이도는 아이의 의욕과 성취감을 떨어뜨립니다. 따라서 한 페이지에 70~80퍼센트를 맞힐 수 있는 난이도가 적절합니다. 무조건 유명한 문제집보다 내 아이에게 잘 맞느냐가 최우선 기준이 되어야 합니다.

가장 중요한 것은 칭찬과 격려입니다. 문제집 풀이를 시작하면 아이와 시간 및 분량을 정해 하루에 일정 부분을 공부하게 해야 합니다. 이때 정해진 양을 풀게 하기 위해서는 아이의 마음이 내키도록 하는 것이 먼저입니다. 왜 이 공부를 해야 하는지 편하게 대화하면서 아이 스스로 납득하도록 해야 합니다. 끝까지 동기부여가 잘 되지 않는다면 부모님도 함께해주는 것이 좋습니다. 아이가 문제집을 푸는 시간에 옆에서 책을 읽거나 자기계발을 하는 모습을 보여주세요. 아이가 책상 앞에 앉는 시간이 조금은 더 길어질 것입니다.

글쓰기 실력을
키워주고 싶어요

    '글쓰기'는 작가가 써 내려가는 멋진 소설과 에세이만을 의미하지 않습니다. 우리는 매일 글쓰기를 하며 살아가고 있습니다. 친구들과 주고받는 메시지, 소셜미디어에 올리는 짧은 게시물, 쇼핑몰에 올리는 리뷰 모두 글쓰기니까요. 이렇게 생각을 글이라는 수단으로 표현하는 모든 것이 글쓰기입니다. 아이에게 글쓰기란 친구들과 의사소통하며 친교의 기능을 하는 도구이기도 하고, 입시의 한 요소인 논술처럼 공부해야 할 대상이기도 합니다. 더 나아가 대학교의 과제, 입사 시험, 직장인으로서 작성해야 할 보고서까지… 글쓰기는 우리 아이들이 평생 가져가야 할 과제임이 분명합니다. 그렇다면 이런 글쓰기 실력을 어떻게 키워줄 수 있을까요?

아직 초등학생인 아이가 처음부터 장문의 글을 쓸 것이라고 기대하기는 어렵습니다. 아이가 저학년이라면 자신의 의사부터 한 문장으로 표현할 수 있도록 연습해야 합니다. '나는 사과를 좋아합니다', '우리 학교 화장실 문을 고쳐주세요'와 같은 문장입니다. 초등학교 3, 4학년 때 문단의 구조를 배우고 나면 문단 쓰기 연습도 시킬 수 있습니다. 종종 고학년 아이가 문단을 구분하지 못하고 처음부터 끝까지 모든 문장을 이어서 쓰는 경우가 있습니다. 3, 4학년 때 익혀야 할 문단 연습을 제대로 하지 못한 까닭입니다. 문단에는 중심 문장과 뒷받침 문장이 있음을 이해하고, 한 문단이 끝나면 줄을 바꿔 새로운 문단에서 글을 쓸 수 있도록 해주어야 합니다. 글을 쓰기 전 미리 이런 구조를 상기시키고 글의 개요를 짜는 연습도 시켜야 합니다.

글쓰기 실력을 키우기 위해서는 일단 많이 써봐야 합니다. '글쓰기 근육'이라는 말도 있지요. 운동으로 몸의 근육을 단련시키는 것처럼 글쓰기도 자주 연습해서 글 쓰는 능력을 차곡차곡 키워나가야 합니다. 처음부터 아이들이 양질의 글을 척척 써나갈 수는 없습니다. 이때 실천할 수 있는 방법으로 첫 번째, '모방하기'가 있습니다. 우수한 수준의 글을 따라 쓰는 것입니다. 필사라고도 하지요. 초등학교 과정에서 꼭 익혀야 할 설명문, 논설문, 편지글 등을 따라 쓰다 보면 글의 흐름을 익힐 수 있습니다. 맞춤법이나 띄어쓰기 등도 자연스레 습득할 수 있고요. 그러나 지나치게 많은 양을 쓰도록 하면 아이가 쉽게 지칠 수 있으므로 한두 문단 정도의 적당한 양을 연습하게 하는 것이 좋습니다.

두 번째 방법은 '재미있게 글쓰기'입니다. 아이가 글쓰기를 꾸준히 연습하려면 스스로 쓰고 싶은 마음이 들어야 합니다. 이를 위해서는 아이의 관심사에서 출발하는 것이 좋습니다. 좋아하는 것을 소재로 글을 쓰게 하는 것입니다. 예를 들어 공룡을 좋아하는 아이라면 '내가 좋아하는 공룡 소개하기', '티라노사우르스에게 편지 쓰기', '영화처럼 공룡을 부활시켜 공원을 만드는 것이 옳은 일인가?'처럼 다양한 글감을 제시할 수 있습니다. 또는 일상과 관련된 글쓰기 주제를 던져줄 수도 있습니다. '하굣길에 만 원짜리 지폐 한 장을 주웠습니다. 어떻게 할까요?' 같은 주제처럼요. 이런 주제를 매일 떠올리는 게 힘들다면 시중에 나와 있는 글쓰기 책을 참고하는 것도 좋습니다.

부모님의 피드백 과정 또한 중요합니다. 글은 결국 독자에게 읽혀야 의미가 있습니다. 아이의 글을 읽고 칭찬을 많이 해주세요. 아이들은 글을 평가받는 것에 굉장한 두려움과 불안을 느낍니다. 특히 어른들이 보는 경우에는 더욱 그렇습니다. 아이가 글을 끝까지 써낸 것에 칭찬과 격려를 해주고, 인상 깊었던 점을 말해주세요. 틀린 맞춤법과 그 외에 지적해야 할 점이 보이더라도 다 이야기하지 말고 꼭 필요한 것 한 가지만 알려주세요. 아이가 글을 쓰고 싶어 하는 마음의 불씨를 절대 꺼트려서는 안 됩니다. 친구의 소셜미디어 게시물을 보고 '좋아요'를 누르고 댓글을 달아주는 것처럼 아이의 글에 대한 피드백도 너무 비장한 마음보다는 편안한 마음으로 해주어야 합니다. 아이가 꾸준히 글을 완성해 제법 많은 글이 모였다면 제본해 문집으로 만들어주는 것도 좋습니다. 이로써 아이는 큰 성취감을 느끼게 될 것입니다. 향후 입시에서 아이의 포트폴리오가 될 수도 있겠지요.

좋은 글을 쓰기 위해서는 평상시 좋은 글을 많이 읽어야 합니다. 결국 글쓰기를 잘하는 데 필요한 것 역시 독서인 셈이지요. 초등학교 아이의 눈높이에 맞는 고운 정서를 가진 책, 우리말이 살아 있는 책을 많이 읽게 해주세요. 아이는 아는 만큼, 보이는 만큼 쓸 수 있습니다.

논술 대비는
어떻게 해야 할까요?

논술은 우리나라 교육에서 빼놓을 수 없는 중요한 키워드입니다. 대학 입시에도 '논술 전형'이 따로 있을 정도로 큰 축을 담당하고 있지요. 아직 초등학생인 우리 아이들에게는 입시보다 중요한 것이 많지만, 아이의 미래를 고려하면 현실적으로 간과할 수 없는 부분이기도 합니다.

그렇다면 논술은 무엇일까요? 초등학교 고학년이 되어 논설문을 무리 없이 잘 쓴다면 괜찮은 걸까요? 실제 각 대학교의 논술 문제를 살펴보면 그렇지 않음을 금세 깨닫게 됩니다. 논술 시험에서 쓰기보다 중요한 것은 '읽기'입니다. 글을 쓰기 전 읽어야 하는 제시문이 몇 페이지나 되기 때문입니다. 논문이나 고전과 같은 어려운 비문학 제시문을 읽고 무슨 뜻인지 이해할 수 있어야 하며 글의 중심 생각과 세부 내용도 파악해야 합니다. 표와 그래프 같은 자료 해석 능력도 필요합니다. 이렇게 읽기와 관련된 다양한 능력이 갖춰져 있지 않으면 아무리 글쓰기를 잘해도 논술 시험에서 좋은 성과를 내기란 어렵습니다.

논술도 결국은 답이 있는 시험입니다. 문제를 정확히 읽고 제시문에서 답을 찾지 못하면 좋은 점수를 얻을 수 없습니다. 이걸 가능하게 하는 것은 '문해력'입니다. 문해력은 최근 교육 분야에서 화두가 되고 있는 단어이기도 하지요. 글자는 읽을 줄 알지만 문장에 담긴 뜻을 잘 이해하지 못하면 문해력이 부족하다고 합니다. 반면 글을 읽고 문제의 의도를 정확히 파악하면 문해력을 갖추었다고 이야기하지요. 초등학교 시기에 문해력을 기르기 위해서는 무엇보다 '읽기 습관'을 들이는 것이 우선입니다. 앞으로 길고 긴 입시 여정, 사회인이 되어서도 끝나지 않는 자기 생존을 위해서 이는 반드시 필요합니다.

문해력을 갖추는 지름길은 '다독'입니다. 아이들이 무조건 많은 책을 읽게 해주세요. 앞에서도 독서에 관해 여러 번 언급했지만, 그만큼 중요하기에 어떤 영역에서든 독서가 등장할 수밖에 없습니다. 이미 읽기 습관이 잘 갖추어진 아이라면 조심스레 고전이나 비문학 책을 시작하는 것도 좋습니다. 이 경우에도 어려운 책을 골라 아이의 흥미를 떨어트리고 억지로 읽으라고 하기보다는 쉽게 접근할 수 있는 어린이용 책으로 시작하는 것이 좋습니다.

평소에 다양한 배경 지식을 쌓는 것도 중요합니다. 논술은 국어만 잘한다고 해서 좋은 결과를 거둘 수 있는 시험이 아닙니다. 사회, 역사, 과학 등 전반적인 영역에 대한 지식과 정보가 필요합니다. 논술 제시문으로 등장하는 글의 범위는 고전 인문에서부터 각종 사회과학 서적까지 매우 넓습니다. 초등학교 때부터 여러 교과에 대한 기초를 쌓아나가는 것이 중요한 이유입니다. 다양한 분야의 책을 읽고 많은 경험을 하게 해주어야 아이의 상상력과 사고력을 키워갈 수 있습니다.

논술은 쓰기 시험이기 때문에 글쓰기에 대한 연습도 빼놓을 수 없습니다. 실제로 논술 채점 기준에는 표현력이나 어법에 관한 평가도 포함됩니다. 초등학교 단계에서는 '문장 성분을 갖추어 문장을 바르게 쓰기', '중심 문장과 뒷받침 문장을 갖추어 문단 쓰기', '서론—본론—결론으로 이루어지는 짜임에 알맞게 글을 쓰기'의 순서에 따라 쓰기 과정을 연습할 수 있습니다. 고학년이 되면 국어 교과에서 주장하는 글쓰기 연습을 많이 하기 때문에 이때 글쓰기 방법을 잘 익혀놓는 것도 필요합니다.

집에서도 논술 쓰기 연습을 할 수 있습니다. 초등학교 단계에서는 아이들이 일상생활에서 발생하는 문제에서 찬반을 선택하고 그에 맞는 생각을 정리할 수 있어야 합니다. 또한 알맞은 근거를 찾고 글의 짜임에 맞게 글을 쓸 수 있어야 합니다. 여러 논술 책을 참고해 주제를 제시해주고 예문을 참고하는 것도 좋습니다. 부모님이 피드백해줄 때는 글에서 주장이 분명한지, 근거가 적절한지, 전체적인 흐름이 일관적인지를 평가해주어야 합니다.

10

독서 시간이
점점 줄어들어요

아이들은 고학년이 되면 몹시 바빠집니다. 수업시수도 늘어나고 다니는 학원의 개수도 많아지면서 일과를 마치는 시간도 점점 늦어집니다. 하루의 대부분을 밖에서 보내고 집에 돌아오면 잠자기 전까지 여유 시간이 얼마 없습니다. 게다가 요즘은 아이들의 흥미를 뺏는 유혹이 너무나 많습니다. 아이들은 책을 읽는 대신 스마트폰으로 유튜브와 소셜미디어를 보다 잠이 듭니다. 고학년이 될수록 독서를 하기 위해 책을 펴는 시간은 점점 줄어듭니다.

고학년이 되어도 독서는 여전히 중요하므로, 독서를 위해 반드시 일정 시간을 확보해야 합니다. 초등학교 고학년이 되면 교과서에 등장하는 문장의 길이가 길어지는 것은 물론 글의 난이도가 눈에 띄게 높아집니다. 독서를 꾸준히 하지 않는다면 가장 기본인 교과서 읽기도 어려워집니다. 교과서가 따분하고 어렵게 느껴질수록 공부도 잘되지 않겠지요. 시험 점수를 떠나 수업 시간에 자리에 앉아 있는 것조차 괴로울 수 있습니다. 독서에서 파생되는 문해력과 논리적 사고력, 추론 능력을 길러야 하는데, 아이들의 신경은 온통 영상 매체와 소셜미디어로 향해 있습니다. 쉽고 자극적인 매체만을 접하다 보면 책에 대한 흥미는 더욱 떨어집니다.

고학년 독서는 어떻게 해야 할까요? 사춘기 아이들의 모습을 떠올려보세요. 매사에 반항적이고 짜증이 많은 시기이지요. 아이들은 재미가 없거나 납득되지 않는 일은 절대 하지 않으려 합니다. 저학년 아이들은 하기 싫은 일도 부모님이나 선생님이 권하면 자리에 앉아 흉내라도 내지만 고학년 아이들은 그렇지 않습니다. 호불호가 분명하고, 왜 이것을 해야 하는지 끊임없이 묻습니다. 따라서 일단 사춘기 아이들이 손에 책을 쥐게 하려면 아이들의 관심사를 겨냥해야 합니다.

고학년 아이들은 주로 '읽을 책이 없다'라고 말합니다. 그도 그럴 것이 저학년 때는 주로 동화책을 읽었지요. 학교 도서관에만 가도 무수히 많은 그림책과 동화책이 아이들을 반깁니다. 하지만 고학년이 되면 그런 책들은 왠지 '시시하게' 느껴집니다. 그렇다고 세계문학이나 대중소설을 읽기에는 아직 좀 어렵습니다. 딱 그 나잇대 아이들이 읽을 만한 청소년 소설은 동화책에 비해 수가 많지 않습니다. 그래서 아이들이 혼자 적당한 책을 찾아 읽는 데 어려움을 느낍니다. 그런 아이들에게 관심사에 맞는 주제의 청소년 소설, 아동 소설을 추천해주면 재미있게 읽어나가곤 합니다.

그런데 이런 책들조차 관심 없는 아이들도 있습니다. 이럴 때는 아이들이 좋아하는 연예인에 대한 기사가 실린 신문이나 잡지, 혹은 게임 관련 책을 읽게 하세요. 탐탁지 않아 하는 부모님도 있겠지만 먼저 아이들이 종이에 인쇄된 '활자 매체'를 보는 시간을 갖는 것에 의의를 두어야 합니다. 영상에 빠진 요즘 아이들에게는 글의 유형과 상관없이 글자를 읽는 것 자체가 의미 있는 시간입니다.

사춘기 아이들이 책을 읽게 하는 또 다른 방법도 있습니다. 이 나이 아이들에게는 반항과 반발 심리가 있지요. 부모님이나 선생님이 무언가를 지시해놓고 본인은 하지 않으면 그 말을 들으려 하지 않습니다. "휴대폰 하지 마!"라고 했는데 어른들은 휴대폰을 보고 있으면 부당함을 느끼고, "책 읽어!"라고 했는데 어른들은 책에 손도 대지 않으면 화가 납니다. 어른과 아이에게는 서로 다른 역할과 차이가 있지만, 아이들은 그 차이를 인정하고 싶어 하지 않습니다. 그래서 같이해야 합니다. 책도 함께 읽고, 도서관이나 서점에도 같이 가서 서로 책을 고르며 시간을 보내야 합니다.

그렇다면 고학년 아이들은 일주일에 몇 권 정도 책을 읽는 것이 좋을까요? 하루에는 몇 시간 정도 읽어야 할까요? 정답은 없습니다. 아이의 특성과 성향에 따라 대답은 달라집니다. 그래도 어렵지 않게 독서 활동을 해나갈 수 있는 아이라면 일주일에 장편 동화책 한 권쯤은 읽는 것이 좋습니다. 매일 시간을 쪼개 틈틈이 읽는다면 충분히 가능합니다. 평소 책을 가까이하지 않는 아이라면 읽는 양이 적고 속도가 느려도 보채지 말고 끊임없이 격려해주세요. 그리고 재미없는 책을 계속 붙들고 있는 것보다 그 책을 다 못 끝내더라도 재미있게 읽을 수 있는 책으로 바꾸어주는 것이 좋습니다. 다만 너무 자주 책을 바꾸려고 하면 "적어도 30페이지까지는 읽어보자"라는 식으로 약속을 정하는 것도 필요합니다.

글을 읽고 난 후의 독후 활동도 매우 중요하지요. 그러나 이를 지나치게 강요하면 주객이 전도될 수 있습니다. 오히려 독후 활동에 거부감을 느껴 책 읽기를 싫어하게 될 수도 있습니다. 독서

감상문을 쓰는 것처럼 부담스러운 숙제를 내주기보다는 아이와 편안하게 대화를 나누는 것만으로 충분합니다. 이를 위해서는 부모님도 책의 내용에 대해 어느 정도 알고 있어야겠지요.

논어에 나오는 유명한 글귀가 있습니다. "아는 사람은 그것을 좋아하는 사람만 못하고, 좋아하는 사람은 즐기는 사람만 못하다." 아이들에게 어떤 일을 하게 하려면 흥미를 유지시켜주어야 한다는 것을 꼭 잊지 않으면 좋겠습니다.

11

비문학을
어떻게 연습시켜야 할까요?

수능을 치른 부모님이라면 '비문학'이라는 단어가 낯설지 않을 겁니다. 우리 아이들이 공부하는 국어 영역은 크게 문학과 비문학으로 나누어지지요. 문학 작품은 어릴 때부터 동화책을 읽으며 자연스레 접하지만 비문학은 왠지 어렵게 느껴집니다. 내용도 전문적이고, 문학처럼 재미와 감동을 주지도 않아서 글을 읽는 것 자체가 마냥 쉽지는 않지요. 게다가 수능의 국어 영역이 점점 어려워지면서 비문학 제시문과 문제의 난이도도 계속해서 올라가고 있습니다. 일각에서는 '비문학 문제를 잘 푸느냐'가 입시의 성패를 가르는 기준이라고 말할 정도입니다. 2021학년도에 출제된 모의평가와 수능 비문학 지문의 주제는 '특허권과 디지털세', '미학과 예술의 조건', '항미생물 화학제' 등이었습니다. 이처럼 비문학 제시문으로는 다양한 주제와 분야가 등장합니다.

물론 수능과 입시가 모든 아이의 목표가 될 수는 없습니다. 하지만 입시를 염두에 두지 않더라도 비문학 공부는 필요합니다. 'STEAM 교육'이라는 말을 들어본 적이 있나요? '과학(Science), 기술(Technology), 공학(Engineering), 예술(Arts), 수학(Mathematics)'의 앞글자를 따서 만든 단어입니다. 예전에 각 과목을 따로따로 나누어 공부했던 것과는 달리, 이제는 여러 과목을 통합하고 융합해 공부하는 것이 세계적인 흐름입니다. 2015에 개정된 교육과정에서도 인재 양성을 위해 '문·이과 칸막이'를 없애고 여러 과목을 융합하는 것을 매우 중요하게 여기고 있습니다.

그렇다면 초등학교 아이들은 어떻게 비문학 공부를 시작하는 것이 좋을까요? 일단 아이들의 현재 상황을 점검해보아야 합니다. 아이에게 쉬운 동화책을 읽게 하고 내용을 파악할 수 있는지 몇 가지 질문을 던져보세요. 잘 이해한다면 다른 분야의 글로 확장할 수 있습니다. 그러나 동화책 읽기가 잘되지 않는다면 일단 그것부터 해야 합니다. 읽기 습관이 갖추어지지 않고 재미있는 동화책의 내용을 잘 이해하지 못한다면, 그보다 딱딱한 비문학

글들은 더욱 이해하기 어렵습니다. 따라서 평소에 책 읽기 습관을 들이는 것이 우선입니다.

이것이 신행되었다면 어린이 신문이나 잡지를 함께 읽어보세요. 어린이 신문과 잡지에는 사회, 과학, 역사 등 다양한 분야의 글이 어린이의 눈높이에 맞는 수준으로 실려 있습니다. 비문학 글 읽기 연습에 아주 좋은 재료입니다. 글에 등장하는 어려운 어휘들은 국어사전이나 인터넷 등을 함께 찾아보며 뜻을 이해하도록 합니다. 이 과정에서 어휘력과 배경 지식이 함께 길러지게 됩니다.

비문학이 중요하다고 해서 비문학 읽기만 강요해서는 안 됩니다. 아이들의 정서를 가꾸어줄 수 있는 동화 읽기도 꼭 필요합니다. 동화책과 비문학을 번갈아 읽게 하면 좋겠지요. 때로는 밖으로 나가 오감을 만족시켜주는 것도 좋습니다. 전문 분야를 다루는 비문학 글을 읽기 위해서는 다방면의 배경 지식을 쌓는 것이 중요하기 때문입니다. 박물관, 미술관, 과학관, 유적지 등을 견학하면서 견문을 넓혀주세요. 아이들이 어려운 글을 읽을 때 눈으로 보고 귀로 들었던 익숙한 개념이 나오면 글 읽기가 훨씬 수월해집니다. 중요한 것은 아이가 글을 읽는 것에 흥미를 잃지 않도록 해야 한다는 것입니다.

초등 국어
교육과정 길라잡이

1학년 1학기

· 바른 자세로 읽고 쓰기
· 인사말 주고받기
· 한글의 기초 익히기
· 받침이 있는 글자와 문장 읽기
· 간단한 문장과 그림일기 쓰기

2학년 1학기

· 자신 있게 말하기
· 감정을 표현하기
· 말놀이하기
· 소리가 비슷한 낱말 알기
· 차례대로 말하고 쓰기
· 설명하는 글쓰기
· 받침이 뒷말 첫소리가 되는 낱말 알기
· 꾸며주는 말 쓰기

1학년 2학기

· 쌍자음과 겹받침인 낱말 읽고 쓰기
· 의성어와 의태어 알아보기
· 문장 부호 알아보기
· 바른 자세로 말하기
· 이야기를 읽고 내용 파악하기
· 바르게 띄어 읽기
· 겪은 일을 글로 쓰기

2학년 2학기

· 인상 깊었던 일을 글로 쓰기
· 말놀이하기
· 이야기를 읽고 인물의 마음 짐작하기
· 시를 읽고 내용 바꾸어 쓰기
· 소개하는 글쓰기
· 글자와 다르게 소리 나는 낱말 읽기
· 글을 읽고 중요한 내용 파악하기
· 친구들을 칭찬하기

1, 2학년 교육과정	3, 4학년 교육과정	5, 6학년 교육과정
한글부터 짧은 글쓰기까지	다양한 글의 종류를 익히는 시기	토의와 토론, 깊고 넓게 사고하는 시기

3학년

· 시와 이야기를 읽고 감각적 표현 찾기
· 문단의 짜임 알기
· 높임 표현 사용하기
· 편지 쓰기
· 내용 간추리기
· 원인과 결과 말하기
· 국어사전 사용하기
· 적절한 표정, 몸짓, 말투로 말하기
· 글을 읽고 감상 나누기

4학년

· 문학 작품을 읽고 생각이나 느낌 나누기
· 글을 읽거나 듣고 내용 간추리기
· 적절한 표정, 몸짓, 말투로 말하기
· 사실과 의견을 구별하며 읽고 쓰기
· 이야기 상상하기
· 회의하기
· 국어사전 사용하기
· 한글의 특성과 우수성 알기
· 마음을 전하는 편지 쓰기
· 언어 예절 지키기
· 인물, 사건, 배경 이해하기
· 전기문 읽고 이해하기

5학년	6학년
· 대화의 특성을 이해하며 의사소통하기	· 자료 준비하여 말하기
· 토의하기	· 추론하며 듣기
· 토론하기	· 글 내용 요약하기
· 글 요약하기	· 따져가며 글 읽기
· 글쓴이의 주장 파악하기	· 글을 읽고 주장이나 주제 파악하기
· 다양한 읽기 방법 알기	· 논설문 쓰기
· 배경 지식을 활용하여 글 읽기	· 쓰기의 절차를 이해하여 글쓰기
· 글쓰기의 과정 알기	· 글 고쳐 쓰기
· 체험한 일에 대한 글쓰기	· 감상이 드러나게 글쓰기
· 낱말의 특징과 종류 이해하기	· 관용 표현 활용하기
· 우리말 바르게 사용하기	· 일상생활에서 국어 바르게 사용하기
· 문학 작품 감상하기	· 문장 성분과 호응 관계
· 내가 겪은 일을 이야기나 연극으로 표현하기	· 비유적 표현 알기
	· 문학 작품을 읽고 삶의 가치 파악하기
	· 연극하기

한글부터 짧은 글쓰기까지

국어 교육과정은 교육부에서 제시한 '성취기준'에 따라 설명했습니다. 성취기준이란 각 학년에서 반드시 달성해야 하는 학습 목표입니다. 교과서의 각 단원은 이에 기초해 만들어집니다. 교과서마다 출판사가 달라도 단원의 내용이 같은 이유입니다. 단원마다 여러 성취기준이 섞여 있고, 똑같은 성취기준이 다음 학기에 다시 등장하기도 합니다. 따라서 1~2학년 시기에 반드시 달성해야 할 성취기준을 아는 것은 중요합니다.

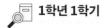

① 바른 자세로 읽고 쓰기

바르게 듣는 법, 읽는 법, 쓰는 법을 공부합니다. 학교 수업을 처음 접하는 아이들이 가져야 할 기본자세를 익히는 시간이지요. 선생님이 말할 때는 선생님을 바라보기, 턱을 괴거나 친구와 장난치지 않기 등 수업 규칙을 알아봅니다. 아직 한글을 읽는 활동은 나오지 않지만, 책을 바르게 읽기 위한 자세 또한 살펴봅니다. 바르게 앉아서 책과 눈의 거리를 알맞게 조절하는 연습도 합니다.

② 인사말 주고받기

다양한 상황에 어울리는 인사말에 대해 알아봅니다. 아침에 일어나면 "안녕히 주무셨어요?", 학교에 가면 "선생님, 안녕하세요?", 친구들을 만나면 "안녕"이라고 인사해야지요. "고마워", "축하해"와 같은 인사말은 어떤 상황에서 사용하는지, 이런 말을 듣고 어떻게 대답해야 하는지를 연습합니다.

③ 한글의 기초 익히기

한글 자음과 모음을 배웁니다. 아이들이 한글을 익히지 않고 입학했다는 것을 전제로 자음과 모음의 이름부터 공부합니다. 놀이와 노래로 재미있게 글자를 익히고, 읽기와 쓰기도 배웁니다. 올바른 획순에 대해서도 알아봅니다. 의외로 획순을 지키지 않고 한글을 쓰는 아이들이 꽤 있습니다. 이제 막 한글을 배우는 단계에서는 올바른 획순으로 쓸 수 있도록 지도하는 것이 좋습니다.

④ 받침이 있는 글자와 문장 읽기

'깡충깡충'과 같은 받침이 있는 글자를 공부합니다. 이어서 그런 낱말이 들어간 문장을 읽을 수 있도록 연습합니다. 쉼표와 마침표, 물음표와 느낌표 같은 문장 부호에 대해 알아보고, 이에 맞게 띄어서 읽는 연습도 합니다.

⑤ 간단한 문장과 그림일기 쓰기

자신의 일과를 떠올리고 일기 쓰는 방법을 알아봅니다. 그림일기에는 날짜와 요일, 날씨를 쓰고 기억에 남는 장면을 그림으로 그리게 되지요. 그리고 하루 중 기억에 남는 일에 관한 생각이나 느낌을 글로 씁니다. 보통 두세 문장 정도지요. 1학년 1학기에 한글을 배우기 시작해 1학기가 끝날 즈음에는 그림일기에서 간단한 문장을 쓸 만큼 한글을 알고 있어야 합니다.

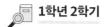

① 쌍자음과 겹받침인 낱말 읽고 쓰기

'ㄲ, ㅆ' 등의 쌍자음이 받침으로 들어간 낱말을 공부합니다. '책상을 닦다', '모자를 썼다'와 같은 문장을 읽어보고, '앉다', '없다' 등의 겹받침도 배우게 됩니다. 쌍자음과 겹받침은 아이들이 읽고 쓰기 어려워하는 내용입니다. 책을 읽을 때 적절한 예시가 들어간 문장을 살펴보며 따라 써보는 게 좋습니다.

② 의성어와 의태어 알아보기

의성어와 의태어는 '흉내 내는 말'이라는 단원으로 공부합니다. 소리를 흉내 내는 말, 모습을 흉내 내는 말로 분류해 어떤 단어가 있는지 알아보게 되지요. 의성어와 의태어는 앞으로 국어 시간에 계속 등장하는 개념입니다. 말을 재미있게 하거나 글을 실감 나게 쓰기 위해 꼭 알아야 할 내용이지요. 완성도 높은 글을 쓰기 위해서 초등 글쓰기에 꼭 포함되어야 할 요소이기도 합니다. 평소에도 노래나 책에서 흉내 내는 말을 많이 찾아보면 좋습니다.

③ 문장 부호 알아보기

느낌표, 물음표, 쉼표 등의 문장 부호에 대해 살펴봅니다. 작은따옴표와 큰따옴표의 용도를 이해하고, 사용하는 연습을 합니다. 작은따옴표는 마음속으로 하는 말, 큰따옴표는 다른 사람에게 들리도록 직접 하는 말이라는 것을 배웁니다.

④ 바른 자세로 말하기

바른 자세가 무엇인지 함께 알아보고, 친구들 앞에서 자신 있게 발표할 수 있도록 연습합니다. 또한 듣는 사람을 생각하며 고운 말을 써야 한다는 것도 배웁니다. 친구들과 갈등이 생겼을 때는 어떤 표현을 사용해야 하는지 알아봅니다. "내가 장난감을 망가뜨려서 미안해"와 같은 말들입니다.

⑤ 이야기를 읽고 내용 파악하기

짧은 이야기를 같이 읽으며 어떤 인물이 등장했는지, 무슨 일이 벌어졌는지 파악하는 활동을 합니다. 글의 내용에서 무엇이 중요한지 찾는 방법도 알아봅니다. 평소 집에서 함께 책을 읽을 때도 "이 이야기에 누가 나왔어?", "주인공에게 무슨 일이 생겼어?"와 같은 질문을 하면서 읽으면 도움이 되겠지요.

⑥ 바르게 띄어 읽기

바르게 띄어 읽어야 하는 이유를 알아보고 띄어 읽기 연습을 합니다. 이에 맞게 소리 내어 글 읽기 연습도 하지요. 아이에게 책을 읽어주면 문장을 어떻게 띄어 읽어야 하는지를 자연스럽게 가르칠 수 있습니다. 오디오북으로 소리를 들으며 배울 수도 있습니다. 단순히 소리만 듣기보다는 책에 있는 글자를 눈으로 바라보면서 듣게 해주세요.

⑦ 겪은 일을 글로 쓰기

일기 형식의 글을 쓰게 됩니다. 언제, 어디에서, 누구와, 무슨 일이 있었는지 쓰고 여기에 자신의 생각을 덧붙일 수 있어야 합니다. 짧으면 3~4문장, 길면 7~8문장까지도 쓰게 됩니다. 단순히 있었던 일을 나열하는 데서 그치지 않고 어떤 감정이나 생각이 들었는지도 함께 표현하도록 해주세요.

 2학년 1학기

① 자신 있게 말하기

여러 친구 앞에서 자신 있게 말하고 발표하는 연습을 합니다.

아이들은 친구들 앞에서 발표하는 것을 굉장히 부끄러워합니다. 발표하는 것을 즐기는 아이는 반에서 한 손에 꼽을 만큼 적습니다. 발표 활동은 여러 교과를 막론하고 계속해서 비중 있게 등장하는 만큼 잘 연습해두는 것이 좋습니다. 발표에 관한 부분은 다음 장에서 소개합니다.

② 감정을 표현하기

'기쁘다', '슬프다'처럼 감정을 표현하는 말을 알아보고 사용하는 연습을 합니다. 아이에게 일기를 쓰거나 발표할 때 자신의 감정을 표현하라고 하면 대부분 한정적인 어휘만을 사용합니다. '재미있다', '좋았다' 등의 아주 기초적인 표현만을 사용하지요. 이때는 '감정 카드'를 이용해서 사람의 마음을 표현하는 어휘가 아주 다양하다는 것을 알게 해주어야 합니다. 가정에서도 감정 카드를 구입해 일기를 쓸 때 활용하는 것이 좋습니다.

③ 말놀이하기

끝말잇기, 꽁지 따기 말놀이, 말 덧붙이기 놀이 등 다양한 말놀이를 하게 됩니다. 끝말잇기는 저학년 아이들이 좋아하는 대표적인 말놀이입니다. 어휘력을 길러줄 수 있는 좋은 방법이기도 합니다.

④ 소리가 비슷한 낱말 알기

'이따가'와 '있다가', '느리다'와 '늘이다'처럼 소리는 비슷하지만 뜻이 다른 낱말을 공부합니다. 아이들이 이런 낱말을 사용할 때는 헷갈리기 마련입니다. 헷갈리기 쉬운 낱말이 들어간 예시문을 많이 들려주고 뜻을 구분할 수 있도록 해야 합니다.

⑤ 차례대로 말하고 쓰기

이야기를 듣고 어떤 순서로 사건이 일어났는지 파악할 수 있어야 합니다. '아침', '점심' 등의 낱말을 사용해 시간 순서대로 설명하거나 글을 쓸 수 있도록 연습합니다. 이렇게 하면 내용을 일목요연하게 구조화해 말할 수 있습니다.

⑥ 설명하는 글쓰기

주변의 친숙한 사물에 대해 친구에게 설명하는 글을 씁니다. 다섯 문장 내외로 겉모습의 특징과 관련된 경험을 쓸 수 있어야 합니다. 예를 들어 내가 좋아하는 인형에 대해 설명하는 글을 쓴다면 인형의 색깔, 크기, 모양, 언제 갖게 되었는지 등이 포함되어야 합니다.

⑦ 받침이 뒷말 첫소리가 되는 낱말 알기

'구름이', '구름을' 같은 단어가 '구르미', '구르믈'이라고 소리 나는 것처럼 받침이 뒷말 첫소리가 되는 낱말들을 공부하고 바르게 사용하는 방법을 공부합니다. 글자와 소리가 다를 수 있다는 점을 이해하고 구별해 쓸 수 있어야 합니다.

⑧ 꾸며주는 말 쓰기

사과를 설명하는 문장을 쓸 때 '동그란 사과', '빨간 사과'와 같이 설명하는 대상 앞에 꾸며주는 말을 넣어 쓸 수 있도록 연습합니다. 이는 글쓰기를 연습하는 기초 과정 중 하나입니다. 꾸며주는 말을 넣었을 때 글이 더 생동감 있고 풍성해진다는 것을 이해하고 앞으로 글쓰기를 할 때 사용할 수 있도록 합니다.

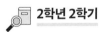

2학년 2학기

① 인상 깊었던 일을 글로 쓰기

일기를 쓰는 것처럼 일상생활에서 있었던 일을 육하원칙에 따라 쓰는 연습을 합니다. 이때는 생각과 느낌을 포함하도록 하고, 다 쓴 글을 고쳐 쓰는 법도 연습합니다. 2학년 2학기가 되면 그동안 초등학교에서 배웠던 글쓰기에 관한 내용이 모두 반영되도록 글을 쓰게 하면 좋습니다. 꾸며주는 말과 흉내 내는 말, 그리고 문장 부호의 올바른 사용 등이 포함되겠지요.

② 말놀이하기

수수께끼, 다섯 고개 놀이와 같은 말놀이를 연습합니다. 아이들이 가장 좋아하는 내용이기도 합니다. 다섯 고개는 '스무고개'를 단순화해 연습하는 것입니다. 말의 재미를 느끼는 것이 이 단원의 목표이므로 가정에서도 같은 놀이를 해보면 좋겠지요.

③ 이야기를 읽고 인물의 마음 짐작하기

이야기를 읽으면서 등장인물들이 어떤 마음일지 알아보는 연습을 합니다. 이야기 속의 특정 대사나 문장을 읽고 '슬프겠다', '신나겠다' 등의 표현을 할 수 있어야 합니다. 이때 인물의 마음을 알아차리는 힌트가 될 수 있는 것은 이야기 속의 대화와 삽화입니다. 대사를 읽어보고 그림을 보면서 마음을 짐작하도록 해주세요. 인물의 마음을 표현할 만한 적절한 단어를 떠올리지 못하면, 감정 카드를 이용해 인물의 감정과 가장 어울릴 만한 표현을 골라서 말할 수 있도록 해주세요.

④ 시를 읽고 내용 바꾸어 쓰기

동시를 읽고 내용을 바꾸어 쓰거나 노래를 듣고 개사해 부르도록 연습합니다. 아이들이 좋아하는 노래를 가지고 하면 더욱 좋겠지요. 단어를 바꾸어보는 활동으로 시 쓰기의 기초 개념을 습득하고, 학년이 올라갔을 때 직접 시를 쓰는 활동으로 발전시킵니다.

⑤ 소개하는 글쓰기

어떤 사람을 소개하는 글을 쓸 수 있도록 연습합니다. 그 사람의 겉모습은 어떤지, 무슨 옷을 입고 있는지, 무엇을 좋아하고 잘하는지 등을 쓰는 활동입니다. 소개할 사람에 대해 잘 알고 있어야 하며, 올바른 문장으로 표현할 수 있어야 합니다. 이때 상대방의 기분이 상하지 않도록 외모를 평가하는 말은 하지 않도록 주의하게 합니다.

⑥ 글자와 다르게 소리 나는 낱말 읽기

'많이', '옆에', '앉아서'와 같이 글자와 소리가 다른 낱말을 읽고 쓸 수 있어야 합니다. 그냥 눈으로만 보고 지나치면 잘 기억하지 못할 수 있습니다. 받아쓰기나 반복해서 읽기를 하면서 맞춤법에 익숙해져야 합니다.

⑦ 글을 읽고 중요한 내용 파악하기

글을 읽고 글쓴이가 말하고자 하는 것이 무엇인지 파악하는 연습을 합니다. 독해할 때 가장 기본으로 갈고 닦아야 할 능력이기도 하지요. 교과서에 제시된 글을 읽으면서 가장 중요한 문장을 찾는 연습을 해야 합니다. 아이에게 핵심 문장에 밑줄을 그어 보도록 하면 도움이 됩니다.

⑧ 친구들을 칭찬하기

올바르게 칭찬하는 방법을 공부합니다. 일상생활에서 쓰이는 사회적 언어를 연습하는 것이 목적입니다. 친구들을 칭찬하고 평가하는 활동은 학년이 올라갈수록 자주 등장하므로 바르게 익히는 것이 좋습니다. 비꼬듯이 칭찬하거나 함부로 외모를 지적하지 않도록 해줍니다.

다양한 글의 종류를 익히는 시기

3학년부터는 각 학년에서 배워야 할 성취기준들이 여러 학기에 거쳐 반복해서 등장합니다. 따라서 학기 구분 없이 학년별 주요 성취기준에 관련된 내용을 살펴보도록 하겠습니다.

 3학년

① 시와 이야기를 읽고 감각적 표현 찾기

저학년 때보다 더 길어진 시와 이야기를 읽습니다. 시각, 청각, 후각 등 감각적 표현에 대해 배우게 됩니다. '사과를 베어 먹으면 아삭아삭 소리가 난다', '곰 인형은 푹신푹신 부드러워'와 같은 표현을 연습합니다.

② 문단의 짜임 알기

문단이란 무엇인지, 글의 중심 생각이 무엇인지 찾는 방법을 알아봅니다. 아이들은 설명하는 글을 읽고 문단에 대해 공부합니다. 글을 읽고 각 문단에서 중심 문장과 뒷받침 문장을 구분해 찾을 수 있어야 하고, 이 두 가지를 갖춰서 문단을 쓸 수 있어야 합니다. 이는 3학년 국어에서 가장 중요한 부분입니다.

③ 높임 표현 사용하기

언어 예절에 맞게 올바른 높임법을 사용하는 방법을 배우고 연습합니다. 높임을 나타내는 방법에는 여러 가지가 있습니다. 문장을 끝맺을 때 '—습니다'나 '—요'를 붙이거나 중간에 '—시—', '—께서', '—께' 같은 어미나 조사를 넣을 수도 있습니다. '진지'나 '여쭈어보다' 같은 높임말을 사용할 수도 있지요. 또한 '사과 주스 한 잔 나오셨습니다'처럼 일상에서 잘못 사용하는 높임 표현에 대해서도 공부합니다.

④ 편지 쓰기

저학년 때 편지글의 형식을 배운 것에 이어 편지 쓰기에 대해 더 자세히 배웁니다. 글의 길이는 10문장 내외로 길어집니다. 내용은 '받을 사람, 첫인사, 전하고 싶은 말, 끝인사, 쓴 날짜, 쓴 사람'으로 확대됩니다. 전하고 싶은 마음이 무엇인지, 어떤 내용을 말하고 싶은지, 앞으로의 각오나 다짐은 어떤지 등이 들어가도록 해야 합니다. 또 글을 쓸 때는 같은 낱말을 반복하는 것보다는 비슷한 뜻을 가진 다른 낱말로 바꾸어 표현해야 글이 풍성해진다는 것을 배우고 연습합니다.

⑤ 내용 간추리기

이야기를 듣거나 글을 읽을 때 내용을 요약하는 방법을 연습합니다. 이때 메모가 필요함을 알고, 메모하는 방법도 같이 배웁니다. 들은 내용을 메모할 때는 중요한 낱말을 중심으로 간단히 쓰도록 합니다. 글을 읽고 내용을 간추릴 때는 각 문단에서 중요한 내용을 찾도록 합니다. 예를 들어 호랑이, 토끼, 비둘기, 금붕어 같은 낱말은 '동물'이라는 단어로 압축해서 정리하는 식입니다. 2학년 때는 일어난 일의 차례에 따라 내용을 설명하는 연습을 했습니다. 3학년 때는 시간의 흐름과 더불어 장소의 변화도 함께 간추려 설명하도록 합니다. 동물원에 다녀온 글을 읽었다면 곤충관, 파충류관, 조류관 등으로 나누어서 요약하는 방식입니다.

⑥ 원인과 결과 말하기

이야기에서 원인과 결과를 찾을 수 있어야 합니다. 그 일이 일어난 까닭과 그 때문에 생긴 일, 달라진 일이 무엇인지를 찾아봅니다. 그 결과 어떤 일이 일어났는지를 생각해봅니다. '그래서', '그러나', ' 때문에', '왜냐하면'처럼 이어주는 말을 사용하도록 합니다.

⑦ 국어사전 사용하기

국어사전에서 낱말 찾는 방법을 배우고, 그 방법에 따라 단어를 찾을 수 있어야 합니다. 국어사전을 활용하면 낱말의 뜻을 정확하게 파악해 글의 내용을 더 잘 이해할 수 있습니다. 말을 하거나 글을 쓸 때 활용할 수도 있지요. 국어사전에서 낱말을 찾을 때 첫 번째 글자부터 첫 자음자, 모음자, 받침 순서를 익히는 일은 아이들이 매우 어려워하는 부분이기도 합니다. 초등 사전을 활용해 원하는 단어를 찾는 연습을 자주 해보는 것이 좋습니다. 또한 '먹다'나 '좋다'처럼 낱말의 기본형을 이용해 뜻을 찾을 수도 있어야 합니다.

⑧ 적절한 표정, 몸짓, 말투로 말하기

만화영화를 보거나 이야기를 읽고 인물에 알맞은 표정, 몸짓,

말투를 알아봅니다. 이야기를 읽으면서 재미나 감동을 느낄 수도 있어야 합니다. 연극 대본을 읽고 상황에 어울리는 표정, 몸짓, 말투를 사용하는 법을 연습합니다.

⑨ 글을 읽고 감상 나누기

책을 읽고 소개하는 방법을 공부합니다. 여기에는 실제 책을 가져와서 보여주기, 그림 그리기, 책갈피와 같은 작품을 만들어서 소개하기 등 다양한 방법이 있지요. 이렇게 읽은 책에 대해 표현하게 하고 독서감상문을 쓰는 연습을 합니다. 독서감상문에는 '책을 읽게 된 까닭, 책의 내용, 인상 깊은 부분, 책을 읽은 뒤에 든 생각이나 느낌'이 들어가도록 합니다.

 4학년

① 문학 작품을 읽고 생각이나 느낌 나누기

시, 이야기, 만화 등을 읽고 떠오르는 생각이나 느낌을 친구들과 나누어봅니다. 한 문학 작품을 두고서도 자신과 다른 친구들의 생각이나 느낀점이 서로 다를 수 있습니다. 대화를 나누다 보면 작품의 다양한 면을 발견할 수 있지요. 사람마다 의견이 다른 까닭은 각자 살아온 경험이나 체험 등이 다르기 때문입니다. 따라서 다른 친구들의 의견을 존중하고, 발표를 경청해야 합니다.

② 글을 읽거나 듣고 내용 간추리기

3학년에 이어 들은 내용과 읽은 내용을 간추리는 방법을 연습합니다. 글의 내용을 간추릴 때는 먼저 문단의 중심 문장을 찾아야 합니다. 그리고 문장을 이어주는 말을 생각하며 각 문단의 중심 문장을 연결해 전체 글을 요약합니다. 이야기의 내용을 간추릴 때는 사건이 일어난 시간의 흐름 또는 장소의 변화를 따라도 좋습니다.

③ 적절한 표정, 몸짓, 말투로 말하기

듣는 사람을 생각해 적절한 표정, 몸짓, 말투로 표현하는 방법을 연습합니다. 표정이나 몸짓 등을 사용한 비언어적 표현은 생각을 분명하게 전달할 수 있게 해주며 듣는 사람이 잘 알아들을 수 있다는 장점이 있습니다. 예를 들어 '고맙다'라는 말을 할 때도 공손한 몸짓을 함께 사용하면 더 진심이 느껴질 수 있습니다. 가정에서도 부모님과 함께 상황별로 올바른 몸짓과 말투를 연습하면 좋겠지요.

④ 사실과 의견을 구별하며 읽고 쓰기

사실과 의견이 무엇인지 알고, 글을 읽으며 이 두 가지를 구별할 수 있어야 합니다. 글을 쓸 때도 사실과 의견이 드러나게 써야 합니다. 사실은 실제로 일어난 일이고, 의견은 대상에 대한 글쓴이의 생각이지요. 한 가지 사실에 대해서도 사람에 따라 경험, 생각, 배경 지식 등이 다르기 때문에 의견이 나뉠 수 있습니다.

⑤ 이야기 상상하기

이야기를 읽고 처음, 가운데, 끝으로 내용을 정리할 수 있어야 합니다. 이야기의 흐름에 맞게 뒷부분을 상상해 글로 쓸 수도 있어야 합니다. 이야기를 상상할 때는 맥락에 맞지 않게 허무맹랑한 방식으로 전개되어서는 안 됩니다. 이야기의 흐름이 자연스러워야 하고 일어난 일들이 서로 원인과 결과로 연결되어야 합니다. 또한 이야기의 주제를 찾고 그 주제에서 벗어나지 않는 구성을 갖추도록 합니다.

⑥ 회의하기

회의가 어떤 방식으로 진행되는지, 회의 주제에 맞게 말하는 방법은 무엇인지 공부합니다. 회의의 순서는 '개회 → 주제 선정

→ 주제 토의 → 표결 → 결과 발표 → 폐회'입니다. 사회자는 회의 절차를 안내하고 발언권을 주며, 회의 참여자는 의견을 발표하고 다른 사람의 의견을 경청합니다. 기록자는 회의 내용을 기록합니다. 회의 주제가 정해지면 아이들은 회의 때 말할 내용을 정해야 합니다. 주제에 알맞은 여러 의견을 떠올리고 이를 뒷받침할 근거를 찾아봅니다. 채택한 의견은 여러 사람에게 의미가 있어야 합니다. 회의 활동은 5, 6학년에 올라간 후 토의 및 토론 활동으로 이어지기 때문에 잘 연습해두는 것이 중요합니다.

⑦ 국어사전 사용하기

3학년 때 국어사전의 사용 방법에 대해서 살펴보았지요. 4학년 때는 이를 더욱 심화해 배우게 됩니다. 모르는 단어가 나왔다고 해서 무조건 사전을 찾아보는 게 아니라 앞뒤 문장이나 낱말을 살피며 뜻을 먼저 짐작해보도록 해야 합니다. 이렇게 연습하면 모르는 낱말이 담긴 글을 읽었을 때 글의 내용을 더 잘 이해할 수 있게 됩니다. 낱말의 뜻을 찾아보며 낱말 사이의 관계도 배우게 됩니다. 반대말, 비슷한말, 포함 관계에 있는 낱말들이 있습니다. 요즘은 종이로 된 국어사전보다 스마트폰으로 단어를 검색하는 경우가 많지요. 학교에서는 스마트폰이나 컴퓨터로 단어의 뜻을 찾는 방법 또한 배우게 됩니다.

⑧ 한글의 특성과 우수성 알기

한글이 만들어진 과정을 이해하고, 한글의 특성과 우수성에 대해 알아보는 단원입니다. 한글은 세종대왕이 글을 읽지 못하는 백성들이 억울한 일을 당하지 않도록 돕기 위해 만든 글자지요. 한글은 독창적이고 과학적으로 만들어졌습니다. 적은 수의 문자로 많은 소리를 적을 수 있고, 누구나 쉽고 빨리 배울 수 있습니다. 컴퓨터나 휴대폰 등 실생활에서 자주 쓰는 기계에 적용하기에도 적합하지요. 주시경이라는 학자는 한글을 연구해 여러 책을 펴내고 한글을 가르치는 교육 활동에도 앞장섰습니다. 이러한 이야기를 바탕으로 아이들도 한글이 가진 우수성을 이해하고 자부심을 갖도록 합니다.

⑨ 마음을 전하는 편지 쓰기

글을 읽는 사람을 생각하며 마음을 담아 편지 쓰는 방법을 공부합니다. 편지 쓰기는 저학년 때부터 배워왔지요. 이제는 점점 더 구체적으로 마음을 진솔하게 담는 연습을 합니다. 편지를 쓸 때는 마음을 전하고 싶은 일이 무엇인지를 떠올려야 합니다. 그리고 그것을 잘 나타낼 수 있는 표현을 사용하고, 읽는 사람의 마음이 어떨지 짐작하면서 씁니다. 편지를 다 쓴 후에는 처음부터 읽어보며 이런 점이 잘 담겼는지 확인하며 고쳐 쓰도록 합니다.

⑩ 언어 예절 지키기

일상 대화, 그리고 온라인 대화 상황에서 예절을 지키며 대화하는 방법을 공부합니다. 일상생활에서 대화 예절을 지키는 방법에는 다음과 같은 것이 있습니다. 인사할 때에는 눈을 마주치기, 친구 앞에서 귓속말하지 않기, 어른께 인사 잘하기 등입니다. 회의할 때는 다른 사람이 발표할 때 끼어들지 않도록 하고, 공식적인 상황에서는 높임말을 사용해야 한다는 것을 배웁니다. 의견을 말할 때는 손을 들어 발언권을 얻고 다른 사람의 의견을 경청합니다.

최근 들어 온라인에서의 언어 예절도 꼭 익혀야 하는 예절 중 하나입니다. 온라인에서도 항상 바른말을 사용하도록 하고, 대화 시작과 끝에 인사말을 주고받도록 합니다. 얼굴이 보이지 않는다고 해서 함부로 말하지 않고 상대를 존중하고 예의를 지키는 법을 배웁니다.

⑪ 인물, 사건, 배경 이해하기

문학 작품을 읽어보며 인물, 사건, 배경에 대해 알아봅니다. 인물이란 이야기에서 어떤 일을 겪는 사람이나 사물입니다. 사건은 이야기에서 일어나는 일이고, 배경은 이야기가 펼쳐지는 시간과 장소를 의미합니다. 아이들은 이야기를 읽고 인물, 사건,

배경이 무엇인지 각각 정리할 수 있도록 연습합니다. 또한 인물이 한 말이나 행동을 살펴보고 성격을 짐작할 수 있어야 합니다. 앞으로 학창 시절 동안 공부하게 될 문학 작품 이해의 기초가 되는 부분이니 아주 중요하다고 할 수 있겠지요.

⑫ 전기문 읽고 이해하기

전기문은 사실에 근거해 인물의 삶에 대해 쓴 글입니다. 아이들이 많이 읽는 위인전이 바로 전기문에 해당하지요. 전기문에는 인물이 살았던 시대 상황이나 인물이 한 일, 인물의 가치관 등이 담겨 있습니다. 아이들이 전기문을 읽을 때는 그 당시의 시대 상황이나 인물에 대해 살펴보도록 하고, 본받을 점은 어떤 것들이 있는지 찾아보도록 합니다. 인물이 어려운 일을 어떻게 극복했는지를 살펴보면 이런 내용을 발견할 수 있지요.

토의와 토론,
깊고 넓게 사고하는 시기

5, 6학년이 되면 훨씬 논리적이고 추상적인 사고력이 요구됩니다. 하나의 주제에 관한 생각을 명확하게 표현할 수 있어야 하고, 이를 바탕으로 적극적인 의사소통을 할 수 있어야 합니다.

 5학년

① 대화의 특성을 이해하며 의사소통하기

대화에는 여러 가지 특성이 있습니다. 상대를 직접 보면서 말을 주고받아야 하고, 이야기를 놓치거나 이해가 되지 않으면 다시 물어봐야 합니다. 또 표정, 몸짓, 말투에 따라 상대방의 기분이나 생각을 짐작할 수 있어야 합니다. 이런 특성을 이해하고 알맞은 표정이나 몸짓, 말투를 사용해 대화하도록 연습합니다. 친구에게 올바르게 칭찬하기, 배려하며 조언하기, 공감하며 대화하기, 고민을 듣고 해결 방법을 제안하기 등을 연습합니다.

② 토의하기

토의란 어떤 문제를 여러 사람이 의견을 모아 해결하는 방법입니다. 토의는 '토의 주제 정하기 → 의견 마련하기 → 의견 모으기 → 의견 결정하기'의 절차로 진행됩니다. 의견을 마련할 때는 주제에 맞게 정하고, 그에 적합한 근거를 찾습니다. 의견을 결정할 때는 주제에 맞는지, 주장과 근거가 올바른지, 실천할 수 있는 의견인지를 따져 선택해야 합니다. 잘 듣기, 바른 자세로 말하기, 논리적인 사고가 모두 필요한 활동입니다.

③ 토론하기

토의가 협력해서 문제 해결 방법을 찾아가는 과정이라면, 토론은 주제에 관해 찬반을 정해 문제를 해결하는 것입니다. 따라서 자신의 주장에 적절한 근거를 제시하는 과정이 핵심입니다. 토론은 '주장 펼치기 → 반론하기 → 주장 다지기'의 절차로 이루어집니다. '주장 펼치기'에서는 주장하는 말과 함께 구체적인 자료를 제시해야 합니다. 신문 기사나 책의 내용 등을 말할 수 있지요. '반론하기' 단계에서는 앞서 들었던 상대편의 주장을 요약하고 그 주장이 타당하지 않다는 것을 밝혀야 합니다. '주장 다지기' 단계에서는 자기편의 주장을 요약하고 상대편에서 제기한 반론이 타당하지 않음을 지적합니다. 토론은 국어과에서 요구하는 의사소통 능력이 집약된 활동입니다. 성인이 된 후에도 필요한 능력이므로 꾸준히 연습해야 합니다.

④ 글 요약하기

글을 요약하는 연습은 저학년부터 고학년까지 계속하게 됩니다. 저학년에서는 줄거리를 요약하는 활동을 했다면, 고학년에서는 논리적 구조에 따라 요약해야 합니다. 즉, 어떠한 대상을 설명할 때는 '비교, 대조, 열거'하는 방법을 사용한다는 것을 이해하고, 이 구조에 맞게 간추리는 것입니다. 비교와 대조는 두 가지 이상의 대상에서 공통점과 차이점을 찾아 설명하는 방법입니다. 열거는 대상의 특징을 나열해 설명하는 방법이지요. 글을 요약할 때는 각 문단의 중심 문장을 찾은 뒤, 중요하지 않은 내용은 지우고 세부 내용은 대표하는 말로 바꾸어 정리해야 합니다. 그리고 글의 구조에 따라 알맞은 틀에 맞춰 마무리합니다.

⑤ 글쓴이의 주장 파악하기

글을 읽고 '주장'과 '근거'의 개념을 공부합니다. '주장'은 글에서 글쓴이가 내세우는 생각입니다. 주장할 때에는 이를 뒷받침하는 근거를 제시해야 하지요. 글쓴이의 주장을 파악하기 위해서는 각 문단의 중심 내용을 확인하고 의견과 근거를 살펴보아야 합니다. 그리고 글쓴이가 여러 번 사용하는 낱말도 확인해 봅니다. 주장할 때는 적절한 근거를 제시해야 합니다. 이를 위해 주장과 관련 있는 근거인지, 주장을 더욱 설득력 있게 만드는지, 알맞은 낱말을 썼는지 등을 살펴보도록 합니다. 고학년에서는 이렇게 주장과 근거를 가지고 글을 쓰거나 토론하는 활동이 계속 등장합니다.

⑥ 다양한 읽기 방법 알기

설명하는 글과 주장하는 글은 다른 방법으로 읽어야 한다는 점을 이해합니다. 설명하는 글을 읽을 때는 대상에 대해 떠올리며 아는 것과 모르는 것을 구별하며 읽습니다. 주장하는 글을 읽을 때는 글쓴이의 주장이 무엇인지 찾고, 근거가 적절한지를 따져봐야 합니다. 또한 읽기 방법에는 '훑어 읽기'와 '자세히 읽기'가 있음을 알고, 목적에 따라 두 가지 방법을 적절히 활용해야 합니다. 이어서 다양한 매체 자료를 공부합니다. 매체에는 인쇄

된 글, 영상, 인터넷 등이 있음을 알고 각 매체에서 필요한 자료를 찾아 읽는 방법을 알아봅니다.

⑦ 배경 지식을 활용하여 글 읽기

글을 읽을 때는 배경 지식을 활용하는 것이 중요합니다. 내가 본 일, 들은 일, 한 일을 떠올리며 글을 읽으면 내용을 더욱 쉽고 깊게 이해할 수 있습니다. 이러한 활동을 어렵지 않게 하기 위해서는 평소에 다양한 경험을 쌓는 것이 중요합니다. 폭넓은 경험에서 풍성한 배경 지식이 축적되기 때문입니다.

⑧ 글쓰기의 과정 알기

글을 논리적으로 쓰기 위한 연습을 시작합니다. 이를 위해 먼저 문장을 구성하는 성분에 대해 공부합니다. 문장에는 주어, 목적어, 서술어가 있음을 이해하고 문장을 쓸 때 이러한 구성 성분들이 들어가도록 합니다. 이어서 글감을 떠올리는 방법을 공부합니다. 아이디어를 내기 위해 마인드맵 같은 방법을 활용할 수 있습니다. 이후 떠올린 내용을 '처음─가운데─끝'으로 나누어 개요를 짜는 연습을 하고, 문장을 바르게 쓰기 위한 연습을 합니다. 이때 문장의 호응 관계를 잘 맞추었는지 확인해야 하는데 시간과 높임 표현이 서술어와 어울리는지, 주어와 서술어의 동작이 바르게 호응되는지를 살펴보아야 합니다. 이를 바탕으로 한 편의 글을 완성합니다. 고학년이 되면 이렇게 훨씬 복잡한 구조와 문법 지식을 알아야 합니다.

⑨ 체험한 일에 대한 글쓰기

기행문의 특성을 파악하고 기행문을 쓰는 연습을 합니다. 기행문에는 여정, 견문, 감상이 들어갑니다. 여정은 여행의 과정이나 일정, 견문은 여행하며 보거나 들은 것, 감상은 여행하며 든 생각이나 느낌입니다. 글을 쓰기 전에는 '처음-가운데-끝'으로 먼저 개요를 짜고 글을 씁니다. 보통 처음에는 여행한 까닭이나 목적을 쓰고 가운데에는 여행지에서 다닌 곳, 보고 들은 것, 생각하거나 느낀 점을 씁니다. 끝부분에는 여행의 전체 감상과 앞으로의 다짐 또는 반성, 각오 등을 쓸 수 있지요. 글을 다 쓴 후에는 친구들의 글을 읽고 여정, 견문, 감상이 잘 드러났는지를 확인하며 서로 피드백하게 됩니다.

⑩ 낱말의 특징과 종류 이해하기

'동형어'와 '다의어'를 공부합니다. 사람의 '다리'와 길을 건너는 '다리'는 글자는 같지만 뜻은 다른 동형어이자, '어떠한 것을 지탱한다'라는 같은 의미가 포함된 다의어입니다. 고학년에는 이렇게 복잡하고 어려운 개념을 배우게 됩니다. 실제로 아이들이 혼란을 겪는 부분이기도 합니다. 국어사전을 이용해 동형어와 다의어를 구분 짓고, 낱말의 뜻을 살펴보게 됩니다.

이어서 낱말의 짜임을 공부합니다. 낱말의 종류에는 '단일어'와 '복합어'가 있다는 것을 배웁니다. 단일어는 '감자'처럼 더는 나눌 수 없는 말, 복합어는 '사과나무'처럼 2개 이상의 낱말을 합친 말을 의미합니다. 여러 가지 복합어를 공부하면 어휘력이 높아집니다.

⑪ 우리말 바르게 사용하기

줄임말을 지나치게 사용하거나 높임 표현을 잘못 사용한 경우, 우리말이 있는데도 외국어를 사용하는 경우, 우리말 표기법에 맞지 않는 표현을 사용하는 경우 등을 공부하고 우리말을 바르게 쓰기 위한 연습을 합니다.

⑫ 문학 작품 감상하기

저학년 때와 비교해 좀 더 긴 시와 이야기를 읽습니다. 이때는 문학 작품 속 세계와 현실 세계를 비교하게 됩니다. 현실 세계에서 겪었던 경험을 떠올려 문학 작품을 읽을 때 배경 지식으로 활용하거나 과거의 생각과 연관지어 읽게 합니다.

⑬ 내가 겪은 일을 이야기나 연극으로 표현하기

내가 경험한 일, 인상 깊었던 일을 이야기로 표현합니다. 이를 위해 일상생활과 관련된 이야기를 읽어보고, 나의 경험을 어떻게 이야기로 쓸 수 있는지 알아봅니다. 나의 이야기를 쓴 뒤에는 친구들과 함께 읽으며 대화를 나눕니다. 또 연극의 특성을 알고 표현해보는 연습을 합니다.

 6학년

① 자료 준비하여 말하기

6학년이 되면 말하기의 방법도 달라집니다. 이전 학년 때보다 길고 구체적인 내용을 준비해 발표하게 됩니다. 공식적인 말하기 상황에는 어떤 것이 있는지 알아보고, 다양한 매체 자료를 이용해 주제와 관련된 내용을 준비합니다. 표나 사진, 그림 등을 활용할 수 있어야 하고 프레젠테이션 자료나 영상을 제작해 발표할 수도 있습니다.

② 추론하며 듣기

대화나 이야기에서 직접 드러나지 않은 내용을 추론해서 들는 연습을 하게 됩니다. 단서를 찾아 내용을 확장해 이해하는 것입니다. 예를 들어 '수원 화성이 유네스코 세계 문화유산으로 등록되었다'라는 이야기를 들으면 '수원 화성은 세계 문화유산으로 등록될 정도로 아주 훌륭한 건축물이구나'라고 생각할 수 있어야 한다는 뜻입니다.

③ 글 내용 요약하기

글의 내용을 요약하는 활동은 여러 학년에 걸쳐 반복해서 연습했습니다. 6학년 때는 이야기의 구조에 맞게 글을 요약하는 방법을 배웁니다. 긴 이야기를 읽고 이야기의 구조인 '발단─전개─절정─결말'을 이해합니다. 발단은 이야기의 사건이 시작되는 부분, 전개는 사건이 본격적으로 발생하고 갈등이 일어나는 부분, 절정은 갈등이 커지면서 긴장감이 고조되는 부분, 결말은 사건이 해결되는 부분입니다. 이러한 구조에 맞게 내용을 요약해 발표하게 됩니다.

④ 따져가며 글 읽기

주장하는 글을 읽을 때 내용의 타당성과 표현의 적절성을 판단하며 읽는 연습을 합니다. 즉, 근거가 주장을 뒷받침하는지, 주관적인 표현이나 모호한 표현은 없는지를 살펴봅니다. 더 나아가 뉴스나 광고와 같은 영상, 사진 매체를 보고 표현이 적절한 지, 과장된 부분은 없는지, 내용이 타당한지를 따져보게 됩니다.

⑤ 글을 읽고 주장이나 주제 파악하기

글을 읽고 글쓴이의 중심 생각을 파악할 수 있어야 합니다. 구체적으로 제목과 예상 독자, 글의 목적과 의도를 파악해 주제를 찾아야 합니다. 또한 중심 생각을 찾아 내 생각과 비교해보고 공통점 혹은 차이점이 있는지 확인합니다.

⑥ 논설문 쓰기

적절한 근거와 알맞은 표현을 사용해 주장하는 글을 쓰는 연습을 합니다. 일상생활에서 접하는 문제 상황에 관해 생각을 정리해 주장하는 글을 쓸 수 있어야 합니다. 이때는 '서론—본론—결론'으로 이어지는 논설문의 구조에 따라 써야 합니다. 논설문의 제목을 쓸 때는 주장이 명확하게 드러나는 단어를 써야 합니다. 서론에는 문제 상황이나 동기를 비롯한 주장을 씁니다. 흥미를 끄는 질문으로 시작해도 좋습니다. 본론에는 주장을 뒷받침하는 근거를 두세 가지 정도 씁니다. 이때는 구체적이고 사실적인 자료를 활용해야 합니다. 설문 조사나 면담, 인터넷 검색, 관련 서적 조사 등의 방법을 쓸 수 있습니다. 결론에는 본론을 요약하고 주장을 다시 한번 강조합니다. 주장을 실천했을 때 나타날 긍정적인 기대 효과에 대해 적는 것도 좋습니다.

⑦ 쓰기의 절차를 이해하여 글쓰기

글을 쓸 때는 항상 순서와 절차가 있다는 것을 알고, 그에 따라 쓰는 연습을 합니다. '쓸 내용 떠올리기 → 쓸 내용 정리하기 → 글쓰기 → 쓴 글을 점검하고 고쳐 쓰기 → 친구들과 나누어 읽고 의견 나누기'의 순서입니다. 어떤 글이든 이러한 과정을 지켜 글을 쓰는 것이 중요하다는 것을 깨달아야 합니다.

⑧ 글 고쳐 쓰기

글을 고쳐 쓰는 과정을 좀 더 심화해 공부합니다. 이 과정이 왜 중요한지를 이해하고 글 수준, 문단 수준, 문장 수준, 낱말 수준에서 각각 고쳐 쓰는 방법을 연습합니다. 글 수준에서 고쳐 쓰기를 할 때는 제목이 글 내용과 어울리는지, 글의 내용이 목적에 맞는지 살펴보아야 합니다. 문단 수준에서는 필요 없는 문장이 있는지 확인하고 중심 문장과 뒷받침 문장이 서로 어울리는지를 살핍니다. 문장 수준에서는 문장의 호응이 잘 이루어지는지, 지나치게 단정적이거나 모호한 표현을 사용하지는 않았는지, 지나치게 긴 문장은 없는지를 찾아봅니다. 낱말 수준에서는 뜻에 맞지 않는 단어가 있는지 살펴봅니다. 띄어쓰기, 붙여쓰기, 한 글자 고치기, 여러 글자 고치기, 글자 빼기 등의 교정 부호도 알고 있어야 합니다.

⑨ 감상이 드러나게 글쓰기

체험한 일, 경험한 일, 보고 들은 일에 대한 감상이 드러나게 글을 쓰는 방법을 연습합니다. 그동안 배웠던 독서감상문, 기행문 등과 함께 영상 매체를 보고 느낀 내용을 글로 써보는 활동도 하게 됩니다.

⑩ 관용 표현 활용하기

관용 표현에는 관용어와 속담이 있습니다. 먼저 속담을 사용하는 까닭과 장점을 이해하고, 여러 가지 속담을 공부합니다. 속담의 뜻을 공부한 후에는 이를 활용해 생각을 말이나 글로 표현할 수 있어야 합니다. 예를 들어 '발이 넓다'와 같은 관용어도 공부하며 일상생활에서 활용하도록 연습합니다.

⑪ 일상생활에서 국어 바르게 사용하기

올바른 언어생활을 하고 있는지 스스로 점검해봅니다. 줄임말이나 외국어를 많이 사용하지는 않는지, 욕설이나 비속어를 사용하고 있지는 않은지를 되돌아봅니다. 학급 친구들의 말 사용 실태를 조사하고 배려하는 말, 긍정하는 말, 올바른 우리말을 사용하도록 다짐합니다.

⑫ 문장 성분과 호응 관계

문장 성분(주어, 목적어, 서술어)이 맞게 들어갔는지, 주어와 서술어 간의 호응 관계가 적절한지를 살필 수 있어야 합니다. 5학년에서 배운 내용을 바탕으로 조금 더 어려운 문장도 연습하게 됩니다. 주로 글을 고쳐 쓰는 과정에서 학습하게 됩니다.

⑬ 비유적 표현 알기

시를 읽고 비유적인 표현을 공부합니다. 비유법에는 은유법과 직유법이 있습니다. 은유법은 '~은 ―이다'처럼 어떤 것을 직접 나타내지 않고 무언가에 빗대어 묘사하는 방법입니다. 직유법은 '같이, 처럼, 듯이'와 같은 조사를 써서 2개의 대상을 직접 견주어 표현하는 방법입니다. 표현하고 싶은 대상의 공통점을 활용해 어떻게 비유했는지 알아보고, 비유적인 표현을 써서 시를 쓰는 연습도 합니다.

⑭ 문학 작품을 읽고 삶의 가치 파악하기

이야기를 읽으면서 인물이 추구하는 가치가 무엇인지 파악하는 활동을 합니다. 교훈을 찾는 것과 비슷한 내용입니다. 글을 읽으면서 '나도 이런 삶을 살아야지' 하고 다짐하기도 합니다. 더 나아가 인물이 추구하는 가치를 여러 단어로 표현할 수 있어야 합니다. 주로 '희망, 배려, 끈기, 도전, 용기'와 같은 긍정적인 단어들을 쓰게 됩니다.

⑮ 연극하기

극본을 읽고 소설과 다른 극본의 특성을 이해합니다. 극본은 연극을 공연하기 위해 쓴 글입니다. 극본에서 이야기는 해설, 지문, 대사로 나타냅니다. 해설에서는 연극의 시간적 배경과 공간적 배경, 등장인물을 알려줍니다. 인물의 말은 대사로 나타내고, 마음은 대사와 지문으로 나타내지요. 극본을 읽고 역할을 정해 연극을 연습하고 발표합니다.

한 계단씩
천천히 올라가기

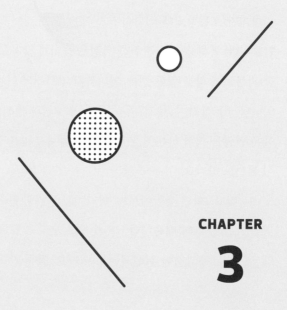

CHAPTER

3

초등 입학 전부터
수학 공부를 시켜야 하나요?

아이가 초등학교에 입학하기 전에는 모든 것이 걱정되고 불안합니다. 특히 공부와 관련한 걱정은 끊이지 않지요. 가장 중요한 과목인 수학을 입학 전에 어디까지 가르쳐야 하는지도 고민입니다. 100까지 수 세기? 두 자릿수의 덧셈과 뺄셈? 다른 아이들은 연산을 척척 하는데 우리 아이는 헤매지 않을까 여러 생각이 들기도 하지요.

초등학교 1학년 수학에서는 '하나, 둘, 셋'처럼 한 자릿수의 숫자를 세는 것부터 배웁니다. 즉, 숫자를 모르고 입학해도 1부터 배우도록 교육과정이 편성되는 것이지요. 물론 간단한 숫자 세기 정도는 익히고 입학하는 아이가 많아 숫자를 모르면 다소 당황할 수도 있습니다. 그러나 수학 교과서와 수학익힘책으로 반복 연습을 하면서 숫자를 익혀 나가니 금방 따라오기도 합니다. 아이가 수업 시간에 뒤처지는 것을 불안해하거나 친구들을 많이 의식하는 편이라면 입학 전에 미리 연습해서 자신감을 얻는 것이 좋겠지요.

아이가 원하고 잘 따라온다면 간단한 연산 연습을 시킬 수도 있습니다. 이때도 너무 공부식으로 접근하기보다는 '사과 하나와 사과 2개를 더하면 3개'와 같은 방법으로 대화하면서 가르치는 것이 좋습니다. 어차피 학교에서 쓰는 교과서에도 이렇게 이야기처럼 문제 상황이 제시되거든요. 사실 덧셈이나 뺄셈보다 더 중요한 것은 '수 감각'과 '양감'을 기르는 것입니다. 어느 것이 더 크고 작은지, 사과 3개와 5개 사이에는 어떤 숫자가 존재할 수 있는지 등을 파악하는 것이지요. 자세한 내용은 다음 장에서 살펴보겠습니다.

입학 전에 책을 많이 읽는 것도 중요합니다. 부모님은 책을 자주 읽어주며 아이의 문해력을 키워주어야 합니다. 요즘 수학 교과서는 이야기와 문장으로 구성되어 있어 문해력이 부족한 아이는 아무리 연산 연습을 많이 해도 수학을 잘하기 어렵습니다. 이야기로 된 문제 자체를 잘 이해하지 못하기 때문이지요.

집중력과 주의력을 키우는 것도 중요합니다. 자리에 앉아서 3분에서 5분 정도 한 가지 문제에 집중할 수 있는 능력, 성급하게 끝내기보다는 차분하게 문제 상황을 이해할 수 있는 능력이 필요합니다. 단순히 공부를 많이 하는 것보다 스스로 문제를 해결하고자 하는 마음가짐과 태도를 배우는 게 무엇보다 중요합니다.

02

수 감각은 어떻게
길러줄 수 있을까요?

　'수 감각(number sense)'이라는 말을 들어보셨나요? 아이들이 수학을 공부할 때 부모님은 아이가 숫자를 잘 세는지, 덧셈과 뺄셈을 잘하는지 걱정하며 살펴보게 되지요. 물론 이런 능력은 매우 중요합니다. 수학 공부에서 가장 기본인 요소이기 때문입니다. 하지만 그보다 먼저 길러야 할 능력이 있습니다. 바로 '수 감각'입니다. 수 감각은 수를 정확하게 세는 연산과는 좀 다릅니다. 말 그대로 '수에 대한 감이 있는지'를 보는 것입니다. 달걀이 10개 든 바구니와 5개 든 바구니를 보고 어느 쪽이 더 많은지 말할 수 있는 것처럼 수 사이의 크기에 대한 감각이 있는지가 중요합니다.

읽기에 문제를 겪는 '난독증'처럼 수학에도 수의 개념을 잘 이해하지 못하는 '난산증'이 있습니다. 난산증이 있는 아이들은 정확한 계산은 물론이고 수 감각부터 매우 부족합니다. 두 수를 놓고 어느 것이 더 큰지 잘 비교하지 못하고, 2개의 달걀 바구니를 보면서도 어느 쪽의 달걀이 더 많은지 파악하지 못합니다. 물론 난산증이 있는지 없는지와 상관없이 수 감각은 모든 아이에게 중요한 문제입니다. 수 감각을 기르지 않고 연산 연습만 하게 되면 기계적 계산 과정에만 길들어 응용문제를 잘 풀지 못할 수 있습니다.

수 감각을 키우는 방법에는 여러 가지가 있습니다. 가장 중요한 것은 '어림'입니다. 어떤 수를 정확하게 세기에 앞서 대략적인 양을 추측해보는 것입니다. 예를 들어 부모님이 바둑알 10개를 꺼내 '몇 개 정도 될 것 같은지' 물어봅니다. 아이는 바둑알을 일일이 세지 않고 대략 추측해 '10개 정도?'라고 대답할 수 있으면 됩니다. 또한 긴 연필과 짧은 연필의 길이를 비교하는 등 길이와 크기를 재는 활동도 할 수 있습니다. 수직선을 활용하는 것도 매우 중요합니다. 부모님이 종이에 수직선을 그리고 양쪽 끝에 1과 10을 씁니다. 그리고 아이에게 '5는 어느 지점에 표시할 수 있을지, 7은 어느 지점에 표시할 수 있을지'를 물어보는 것입니다.

'암산' 또한 수 감각을 기르는 좋은 방법입니다. 이때 말하는 암산이란 수 가르기와 모으기를 활용하는 방법입니다. 예를 들어 16+7을 계산할 때 암산으로 수 가르기와 모으기를 적용할 수 있습니다. 16+7을 '6+7은 13이니 10을 올리고 일의 자리는 3, 답은 23'이라고 답하는 것은 연산과 관련된 대답입니다. 이를 수 감각으로 나타내면 '7을 4와 3으로 가르기 해 16을 20으로 만들고 나머지 3을 더하면 답은 23'이라고 사고하는 과정이 필요합니다. 수를 '10―20―30―…', '100―200―300―…' 하고 뛰어 세는 연습을 하는 것도 좋습니다.

유아 시절부터 꾸준히 수를 어림하고 비교하는 활동을 하면 좋지만, 초등학교 시기도 늦지 않았습니다. 초등학교 1, 2학년 교육과정에서 수 가르기와 모으기가 자꾸 나오고, 뛰어 세기를 연습시키는 이유도 수 감각을 기르기 위해서이기 때문입니다.

학습지의 함정,
연산은 어떻게 공부해야 할까요?

　초등 저학년부터는 학습지나 문제집을 많이 활용하게 됩니다. 매년 아이들에게 학교 공부 외에 개인적인 공부를 어떻게 하는지 조사하다 보면 절반이 넘는 아이들이 집에서 학습지나 문제집으로 수학 공부를 하고 있음을 알게 됩니다. 이렇게 학습지나 문제집으로 일정 분량을 매일 공부하게 하는 데는 이유가 있지요. 꾸준히 공부하고 있다는 안도감, 이 덕분에 수학 성적이 올라갈 것이라는 기대감 때문입니다. 학교 수업 이외에 아무것도 하지 않으면 찾아오는 불안감 때문이기도 하고요. 그러나 학습지 풀이는 수학 공부에 도움이 되지만 주의해야 할 점 또한 있습니다.

아이들은 학습지를 지겹고 힘들어합니다. 저학년 상담을 하다 보면 10살도 안 된 어린아이들의 가장 큰 스트레스 요인이 '공부'라는 것을 알게 됩니다. 학원에서 늦게까지 시간을 보내는 것은 물론 집에 돌아와 학습지를 푸는 게 너무 힘들다고 합니다.

그 이유가 무엇일까요? 어른의 눈에는 그저 종이 한두 장인데 말이죠. 첫 번째 이유는 '양이 많아서'입니다. 성인에게는 별것 아닌 일도 아이에게는 매우 힘든 일일 수 있습니다. 극소수의 아이를 제외하면 초등학교 시절에는 누구나 놀고 싶어 하고, 책상 앞에 오래 앉아 있기 어려워합니다. 초등학교 수업 시간은 한 교시가 40분입니다. 그 시간도 아이들에게는 긴데, 그 이상으로 집중하고 공부하는 것은 절대 쉬운 일이 아닙니다. 따라서 되도록 40분 안에 공부가 끝나도록 학습지의 분량을 조절하는 것이 좋습니다.

두 번째 이유는 '난이도가 맞지 않아서'입니다. '말을 물가로 끌고 갈 수는 있어도 물을 억지로 마시게는 할 수 없다'라는 말이 있지요. 아이들도 마찬가지입니다. 억지로 책상 앞에 앉힐 수는 있지만, 학습지나 문제집을 착실히 하는 것은 정말 어려운 일입니다. 아이들이 스스로 공부에 재미를 느끼게 하려면 적절한 난이도는 필수입니다. 너무 쉬워도 어려워도 아이들은 공부할 동력을 잃어버립니다. 아이가 학습지나 문제집에 실린 문제의 절반도 맞히기 힘들어한다면 과감히 바꾸어야 합니다. 아이가 문제를 풀고 답을 맞히는 희열감과 성취감을 자주 느끼게 해주세요. 그래야 스스로 의욕을 갖고 공부를 해나갈 수 있어요.

저학년 시절 학습지나 문제집으로 적절한 연산을 연습하는 것은 꼭 필요합니다. 앞으로 초등 고학년, 중·고등학교에서 수학 공부를 할 때도 이는 필수 도구이기 때문입니다. 사회에 나가서도 마찬가지지요. 저학년 때 연산 연습을 소홀히 한다면, 학년이 올라갈수록 수학 교과에서 계속 부진을 겪을 확률이 높습니다. 수학은 이전 단계 학습이 선행되어야 다음 단계 학습을 할 수 있는 성격의 교과이기 때문입니다. 만약 아이가 학교 수업만으로 연산을 잘 따라가지 못한다면 가정에서 반드시 보충 지도를 해주어야 합니다.

영국의 수학 교육학자 리처드 스켐프는 수학 학습에 '도구적 이해'와 '관계적 이해'가 있다고 말했습니다. 도구적 이해란 수학적 개념이나 풀이 과정에 대한 이해 없이 공식만을 외워 기계적으로 문제를 푸는 것입니다. '3×5'라는 문제를 풀 때 구구단을 외워 답을 맞히는 경우지요. 관계적 이해란 원리와 과정을 이해해 문제를 해결하는 것을 뜻합니다. '3×5'를 사과가 3개씩 5 바구니에 담긴 상황을 떠올려 '동수누가'나 '배'의 개념으로 설명할 수 있는 경우입니다. 바로 이 '관계적 이해'가 아이들이 궁극적으로 도달해야 하는 방향이겠지요. 연산 연습을 하는 이유는 앞으로 고학년이 되어 추론 능력이 필요한 문제들을 원활히 풀기 위한 일종의 도구를 손에 넣는 것이기 때문입니다.

그렇다면 아이들이 수학 문제를 풀 때 관계적 이해를 하려면 어떻게 해야 할까요? 초등 저학년에게는 각종 도구와 구체물이 필수입니다. 저학년 아이들은 아직 논리력과 추론 능력이 완전히 발달하지 않았기 때문에 시각과 촉각을 활용해 직접 보고 만지는 활동이 매우 중요합니다. 특히 연산에서는 수 모형이나 바둑돌이 유용하게 쓰입니다. 덧셈, 뺄셈뿐 아니라 곱셈이나 나눗셈을 공부할 때도 이런 도구로 묶음을 만들어 보여주면 훨씬 이해하기 쉽습니다. 단순히 구구단만 외우는 것보다 머릿속에도 잘 남지요. 따라서 아이들이 학습지나 문제집을 풀 때 구체물을 활용해 그 과정을 설명할 수 있는지 확인해보는 게 좋습니다.

시계 문제를 헷갈려 해요

저학년 수학 교과에 등장하는 의외의 복병이 있습니다. 바로 '시계' 단원입니다. 어떤 분은 이 단원을 우스갯소리로 '가정불화단원'이라고 부르기도 합니다. 가정에서 아이에게 이 부분을 가르치다가 서로 화가 나는 상황이 빚어진다는 이야기지요. 요즘은 스마트폰을 켜면 바로 현재 시각과 오늘의 날짜, 요일이 나오기 때문에 굳이 시계와 달력을 읽을 줄 몰라도 문제가 없습니다. 따라서 아이들은 더욱 바늘이 돌아가는 시계를 낯설어합니다. 1학년에서 정각의 시각과 '몇 시 30분'을 읽을 때까지는 그래도 괜찮습니다. 하지만 2학년 때 분 단위의 시간을 배우면서 많은 아이가 혼란에 빠지기 시작합니다. 특히 시간을 더하고 빼는 계산 과정에서는 그 혼란이 극에 달합니다. 아이들은 왜 이렇게 시계를 어려워하는 걸까요?

먼저 시계의 긴 바늘과 짧은 바늘을 잘 구분하지 못하는 경우입니다. 평소 다양한 길이의 길고 짧음을 비교하면서 양감을 키워온 아이들은 두 바늘을 한눈에 잘 구분하지만, 그렇지 않은 아이들은 이 둘을 헷갈려 합니다. 두 번째로 '바늘이 지나온 숫자'가 아니라 바늘이 가리키는 가장 가까운 숫자를 읽어버리는 일도 있습니다. 예를 들어 '3시 50분'에서 짧은 바늘은 '3'을 지나왔지만 '4'에 가까운 상태입니다. 그러면 아이들은 바늘이 4에 가깝다는 이유로 '4시 50분'이라고 읽어버립니다. 세 번째로 '60진법'에 대한 이해가 잘 되지 않은 경우입니다. 아이들에게는 십진법이 너무나 익숙합니다. 시계에서는 시간이 바뀌는 단위가 60이라는 것을 이해하고 접근해야 하는데, 십진법에 익숙한 아이들은 자꾸만 헷갈려 합니다.

아이들이 시계 부분을 원활히 학습하기 위해서는 2학년 2학기가 되기 전부터 바늘 시계와 친숙해지는 과정이 필요합니다. 우선 집에 있는 전자시계는 당분간 치워놓는 게 좋습니다. 대신 바늘이 달린 시계를 걸어두되 5분 단위마다 '5, 10, 15…'와 같은 숫자를 종이에 써서 시계에 붙입니다. 긴 바늘이 가리키는 숫자에 따라 분이 달라진다는 것을 감각적으로 이해하게 해주는 겁니다. 작은 탁상시계를 아이 스스로 조작해보며 바늘의 움직임을 눈으로 확인하게 하는 것도 좋습니다. 달력도 마찬가지입니다. 거실에 큰 달력을 걸어두고 아이에게 오늘이 며칠인지 찾아보게 해 서서히 달력을 보는 법에 익숙해지게 해주세요.

시계 읽기에 어느 정도 자신이 붙었다면 시간을 계산하는 연습도 할 수 있습니다. "1시 40분에 영화를 보기 시작해서 3시 10분에 영화가 끝났습니다. 영화를 보는 데 걸린 시간은 얼마일까요?"라는 질문을 예로 들어보겠습니다.

첫 번째 방법은 시계로 직접 보여주는 것입니다. 손으로 바늘을 돌리면서 한 시간이 흐르고, 또 30분이 흐르는 과정을 보여 따라가게 합니다.

두 번째 방법은 띠 그림을 그려 연습하는 것입니다.

10분	10분	10분	10분	10분	10분

위와 같이 10분이 6개 있어야 한 시간이 된다는 것을 눈으로 확인시키고, 1시 40분부터 띠 그림을 그려나갑니다. 그럼 3시 10분이 되기까지는 10분이 9개가 필요하다는 사실을 깨닫게 됩니다.

세 번째 방법은 자연수의 덧셈, 뺄셈처럼 세로식으로 써서 계산하는 것입니다. 이때 분은 분끼리, 시간은 시간끼리 계산하도록 합니다. 10분에서 40분을 뺄 수는 없으므로 시간을 분으로 바꿔 빌려와야 하는데, 10이 아니라 60을 가져온다는 사실을 꼭 강조해주세요. 이렇게 연습하다 보면 아이는 시계 읽기는 물론 시간 계산도 겁먹지 않고 척척 할 수 있게 됩니다.

2학년 때까지는 90점, 3학년 때부터는 50점?

요즘은 초등학교 3학년이 가장 중요한 학년이라고 합니다. 국어, 수학, 통합교과만을 배웠던 저학년 때와는 달리 영어, 사회, 과학 같은 여러 교과목이 등장하는 시기이기 때문이지요. 수학도 마찬가지입니다. 2학년 때까지는 수학 단원평가를 곧잘 보는 아이가 많습니다. 구구단을 외우고 기본적인 연산 문제만 잘 풀어도 대부분의 문제를 맞히므로 부모님은 언뜻 '우리 아이는 수학을 잘하는구나'라고 생각하기도 합니다. 하지만 3학년으로 올라간 뒤 전에는 다뤄보지 않았던 수학의 다른 부분들을 공부하면서 상황이 달라집니다. 수학을 수월하게 대했던 아이들도 3학년이 되면 어려움을 느끼기도 하고요. 왜 이런 현상이 생겨나는 걸까요?

첫 번째는 '복잡해진 연산' 때문입니다. 2학년 때까지는 덧셈, 뺄셈과 곱셈구구를 연습했습니다. 곱셈 문제도 구구단만 알면 무리 없이 풀 수 있는 간단한 문제들이었지요. 하지만 3학년이 되면 곱셈에서도 받아올림을 해야 하고, 자리를 잘 맞춰 계산해야 하기 때문에 복잡한 사고 과정이 필요해집니다. 또한 3학년은 나눗셈을 처음 공부하는 시기입니다. 나눗셈은 몫을 쓰는 자리에 들어갈 숫자를 잘 맞춰야 하고, 곱셈으로 어림해보는 등 하나의 문제를 풀기 위해 여러 단계를 거쳐야 합니다. 2학년까지는 다소 직관적인 연산이었다면, 3학년부터는 사고력이 강조되기에 어려움을 겪는 아이들이 생기는 것입니다.

두 번째는 '분수와 소수' 때문입니다. 분수는 3학년 때 처음 등장하는 개념입니다. 문제는 아이들이 이 분수라는 개념을 잘 이해하지 못한다는 것입니다. 피자 한 판을 똑같이 6조각으로 나누면 한 조각은 $\frac{1}{6}$이 됩니다. 그리고 피자 한 판은 1입니다. 실물로 설명해주면 그나마 이해가 쉽지만, 전체가 1이며 그것을 분수로 표현하는 방식은 여전히 잘 이해하지 못합니다. 아이들에게는 이 '전체'와 '조각'이라는 개념이 낯선 것이지요. 지금까지 수학을 책상에 앉아 연산하는 것이라고 생각한 아이들에게는 이런 새로운 개념을 이해하는 것 자체가 큰 도전입니다. 소수 역시 마찬가지입니다. 분수에서 막히면 그와 이어지는 소수 역시 이해하기 힘듭니다. 안타깝지만 여기서 막히는 아이들은 소위 말하는 '수포자'의 길로 발을 들여놓을 가능성이 커지는 것이지요.

이런 이유로 3학년 수학 공부는 특히 중요합니다. 그럼 이때 어떻게 대처하고 아이들을 가르치면 좋을까요? 올바른 개념을 이해하고 반복해서 연습하는 것이 가장 중요합니다. 특히 아이들이 어려움을 느끼는 나눗셈과 분수는 꾸준히 연습해야 합니다. 기본적인 나눗셈의 계산, 검산, 분수의 크기 비교, 대분수를 가분수로 고치기 등은 여러 번 하지 않으면 숙달되지 않습니다. 하루에 두세 문제라도 꾸준히 풀어야 합니다. 그리고 그 단원이 끝났다고 연습을 멈추면 안 됩니다. 단원이 끝난 이후에도 계속해서 연습해야 다음 학년에 올라가도 수월하게 계산할 수 있습니다. 3학년 때 배웠던 연산과 개념은 앞으로도 계속 쓰이기 때문입니다.

중요한 것은 아이들이 어떤 활동이든 재미와 성취감을 느껴야 꾸준히 해나갈 수 있다는 점입니다. 아이가 하루에 소화할 수 있는 양, 성취감을 느낄 수 있는 적당한 난이도를 찾아야 합니다. 이 부분은 아이마다 천차만별입니다. 하루에 한 문제도 버거워하는 아이가 있는가 하면 학습지 한 장 정도는 쉽게 풀어내는 아이도 있으므로 아이의 학습 현황과 마음가짐을 잘 파악하는 것이 먼저입니다.

선행학습,
꼭 필요할까요?

    수업을 하다 보면 다음과 같은 일을 자주 겪습니다. "오늘은 대분수를 가분수로 바꾸는 방법을 알아보겠습니다"라고 이야기하면 어떤 아이가 "나 이거 알아", "이거 쉬워"라고 속삭이고는 선생님이 한참 개념을 설명할 때 답을 먼저 말해버리는 것입니다. 아이들이 교과서를 먼저 공부하고 아는 것을 이야기하는 것은 잘못된 일이 아닙니다. 어느 시기, 장소에서든 열심히 공부한 것은 인정해주고 칭찬해줄 부분이지요. 하지만 학교에서 배울 것을 미리 학원이나 과외로 배우는 것, 즉 '선행학습'은 우려되는 점이 있습니다.

부모님이 아이에게 선행학습을 시키는 이유는 다양합니다. 그중 가장 큰 부분을 차지하고 있는 것은 '불안감'입니다. 똑같이 4학년인 옆집 아이가 6학년 문제집을 들고 다닐 때 엄마가 느끼는 불안감은 욕심이 아닙니다. 그보다는 우리 아이만 뒤처질지도 모른다는 걱정입니다. 그렇게 아이들을 학원에 보내고 4학년 아이가 5, 6학년 과정을 배워나가면 잘하고 있다는 안도감이 듭니다. 때로는 남들보다 앞서간다는 우월감이 생기기도 하지요. 이런 생각들은 어찌 보면 지극히 당연합니다. 자녀에게 하나라도 더 해주고 싶은 것이 부모의 마음이니까요. 하지만 맹목적인 선행은 아이에게 독이 됩니다.

가장 문제가 되는 것은 아이들의 '의욕'입니다. 초등학교 수학 시간에는 '24×3'이라는 문제를 가지고 한 시간 동안 공부합니다. 그림도 그려보고, 수 모형도 조작해보고, 세로식으로도 연습해보는 등 한 문제를 해결하기 위한 여러 가지 방법을 탐구합니다. 이미 계산 방법을 배워 답을 구할 수 있는 아이는 이 과정을 무의미하게 느낍니다. '난 이미 답을 아는데 왜 똑같은 것을 계속해야 하지?'라는 생각이 드는 것입니다. 교과서의 1번 활동을 하고 있을 때 이미 정리 문제까지 다 풀어버린 후 나머지 시간은 무료하게 앉아 있기도 합니다.

반대로 학교에서 처음 그 과정을 공부하는 아이들은 의욕을 가지고 재미를 느끼며 공부합니다. 답을 발견해내는 과정에서 교사에게 끊임없이 질문하기도 합니다. 계속 의사소통하고 탐구하면서 아이의 실력 또한 성장합니다. 선행학습한 모든 아이가 다 그런 것은 아니지만 '난 이미 배워서 다 알아'라고 생각하는 아이들은 수업 시간이 따분할 수밖에 없습니다. 이런 아이는 여러 가지 방법으로 배움을 탐구하는 의미를 놓칠 수 있습니다.

위의 사례처럼 답을 미리 구할 수 있는 아이들은 그래도 대단한 아이들입니다. 선행으로 문제 해결 방법은 터득했기 때문입니다. 정말 문제인 경우는 제대로 이해하지 못했는데 단계만 넘어갈 때입니다. 예를 들어 아직 3학년 공부도 제대로 되지 않았는데 단계를 넘어가는 데만 급급해 4학년, 5학년 과정을 공부하는 것은 모래 위에 집을 짓는 것과 마찬가지입니다. 또 현재 3학년인 아이가 3학년 1학기 공부가 제대로 되지 않은 상태에서 2학기 공부를 미리 하는 것은 큰 의미가 없습니다. 수학은 단계적 학습이라는 것을 다시 한번 기억해야 합니다. 나눗셈과 곱셈을 제대로 할 수 없는 아이가 분수를 공부할 수는 없습니다. 선행학습이 도움이 되는 아이들도 분명 있습니다. 지식을 습득하는 속도가 빨라 모든 과정의 개념을 완벽하게 이해할 수 있는 아이들입니다.

무엇보다 중요한 것은 현재 배우는 과정에 충실해야 한다는 것입니다. 그리고 선행보다는 '후행', 즉 복습이 더 중요합니다. 지나온 과정을 다시 한번 공부하면서 개념을 보충해나가는 것이 다음 학년 공부에 더 도움이 됩니다. 마치 집을 지을 때 기초 공사가 충실할수록 튼튼한 집을 지을 수 있는 것과 마찬가지입니다. 기초 공사가 제대로 되어 있지 않은 상태에서 층수만 높이 쌓아 올린다면 얼마 안 가 그 집은 무너지고 말겠지요.

초등 수학의 벽, 문장제입니다

슬기는 빵을 만드는 데 밀가루를 $7\frac{2}{6}$ 컵 사용했습니다. 도영이는 쿠키를 만드는 데 밀가루를 $3\frac{3}{6}$ 컵 사용했습니다. 슬기는 도영이보다 밀가루를 몇 컵 더 많이 사용했나요?

위 문제는 4학년 2학기 수학 교과서에 실린 것입니다. 수학에서 일종의 '보이지 않는 벽'을 만드는 대표적인 문제가 바로 위와 같은 '문장제'입니다. 교과서와 수학익힘책, 그리고 단원평가까지 초등 아이들이 접하는 학습 자료 곳곳에는 문장으로 서술

된 문제들이 등장합니다. 특히 교육과정이 개정될수록 논술형 문제의 중요성은 더욱 강조되고 있습니다. 이런 상황에서 아이들은 여전히 문장제를 어려워하며 실수를 연발합니다.

따라서 수학에서도 '문해력'이라는 키워드가 굉장히 중요한 것입니다. 단순히 연산 문제만 잘 풀 수 있다고 수학을 잘하는 게 아닙니다. 어떤 아이들은 형식적인 연산 방법만을 익히고 긴 문장으로 쓰인 문제는 잘 풀지 못하는 경우가 있습니다. 문해력이 부족하면 긴 문장을 읽는 것조차 힘들어하기도 합니다. 문제를 읽어도 질문을 파악하지 못하고 문제 풀이에 손도 못 댄 채 갈팡질팡합니다. 당연히 답을 찾아낼 리가 만무합니다. 나아가 언어에 대한 이해력이 부족하다면 수업 시간에 교사가 하는 설명도 잘 알아듣지 못할 가능성이 큽니다. 즉, 수학 공부를 잘하고 싶다면 연산 연습 못지않게 말과 글을 잘 이해하는 능력도 중요합니다. '독서'가 반드시 필요한 이유입니다. 꾸준한 독서로 문해력을 길러야 학교에서 접하는 다양한 문장을 바르게 이해하고 문제를 해결할 수 있습니다.

문해력은 어느 정도 갖췄지만 문제를 제대로 읽지 않는 경우도 있습니다. 수학 시간에 아이들을 지도하다 보면 많은 아이가 어떻게 문제를 풀어야 할지 모르겠다며 질문을 합니다. 그럴 때마다 문제를 다시 한번 소리 내어 읽어보라고 시킵니다. 그렇게 여러 번 반복해서 읽다 보면 '아!' 하고 문제 의도를 발견하게 됩니다. 이해력이 있는데도 문제를 대충 훑어보고 바로 계산해버리기도 합니다. "도영이는 사과를 15개 가지고 있고, 민수는 사과를 23개 가지고 있습니다. 누가 사과를 몇 개 더 가지고 있을까요?"라는 문제를 예로 들어보겠습니다. 이 문제를 읽고 나면 '23-15'라는 식을 떠올려야 합니다. 그러나 급하게 문제를 푸는 아이들은 내용을 생각하지 않고 문제에 나와 있는 순서대로 '15-23'이라고 생각해 틀린 답을 써버립니다.

따라서 수학 문장제를 잘 풀기 위해서는 꾸준한 독서로 문해력을 기르고, 문제를 꼼꼼하고 차분하게 읽는 연습을 하는 것이 중요합니다. 아이들이 수학 문제를 풀 때 바로 풀이하기보다는 문제부터 천천히 읽고 탐구할 수 있도록 해주세요. 문제에서 중요한 부분에 밑줄을 긋게 하거나 동그라미를 치게 하는 것도 좋은 방법입니다. 밑줄 친 중요한 정보들로 어떻게 답을 구할지 차분히 생각해야 합니다. 문제에서 풀이 과정을 요구하지 않더라도 노트이나 학습지 여백에 과정을 적는 것도 중요합니다. 풀이 과정을 글로 쓰는 것을 습관화하도록 해주세요. 글로 쓰기 힘들다면 말로 설명해보게 합니다. 머릿속에 있는 생각을 말과 글로 나타내는 과정은 아이들의 사고력과 문제 해결 능력 향상에 큰 도움이 됩니다.

최소공배수와 최대공약수의 난관,
어떻게 극복할까요?

　　고학년 수학에서 만나는 첫 번째 난관은 '약수와 배수'입니다. 곱셈과 나눗셈까지는 곧잘 따라오던 아이들도 이 부분을 공부할 때는 굉장히 헷갈려 하고, 수학을 싫어하게 되기도 합니다. '약수와 배수'는 이후 공부하게 될 '약분과 통분'의 기초이며, 이때 배운 개념을 바탕으로 '분수의 덧셈과 뺄셈'을 학습하게 됩니다. 따라서 약수와 배수를 이해하고 넘어가지 않으면 이후 고학년 수학 학습에서 줄줄이 어려움을 겪게 됩니다. 이렇게 중요한 단원이지만 아이들이 약수와 배수를 이해하기 위해서는 여러 개념을 동시에 이해해야 하고, 문제를 풀기 위해서 고려해야 할 점이 많다 보니 실수도 잦아집니다.

'약수와 배수'를 어려워하는 첫 번째 이유는 이전 단계의 학습이 제대로 되지 않아서입니다. 약수를 이해하기 위해서는 '나누어떨어지는 수'를 알아야 하고, 배수를 이해하기 위해서는 곱셈구구를 알고 있어야 합니다. 따라서 곱셈과 나눗셈을 완전히 습득하지 못한 아이들은 약수와 배수를 공부하기 전에 자연수의 곱셈과 나눗셈부터 연습해야 합니다. 곱셈구구가 되지 않는 아이들은 곱셈구구부터, 나눗셈이 잘 되지 않는 아이들은 3, 4학년 과정의 나눗셈 복습부터 해야겠지요. 수학에서 한 단원의 공부를 그때그때 충실히 하고 넘어가야 하는 이유이기도 합니다.

두 번째 이유는 약수와 배수에 관한 개념을 어려워하기 때문입니다. 곱셈과 나눗셈을 할 수 있어도 공약수와 공배수를 잘 구하지 못하는 경우가 있습니다. 말로 해주는 설명으로 잘 이해가 되지 않을 때는 구체물을 사용해 눈으로 직접 보아야 합니다. 직접 종이를 자르고 붙여보거나 블록을 맞추는 등의 활동을 하는 것입니다.

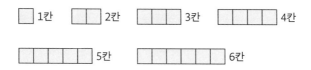

예를 들어 가로로 길쭉한 빈칸 6개를 빈틈없이 채우기 위해서는 앞의 그림에 있는 종이 한 개짜리를 6개 붙이거나 2개짜리를 3개 붙이거나, 3개짜리를 2개 붙여야 한다는 것을 직접 경험하게 해보는 것입니다. 그리고 나눗셈으로 확장해 6을 나누었을 때 나누어떨어지게 하는 수는 1, 2, 3, 6이 있음을 설명해주면 직관적으로 이해하는 데 도움이 됩니다.

약수를 찾을 때 일부 숫자를 빠뜨리는 경우도 있습니다. 그럴 때는 이런 팁을 알려줄 수 있습니다. 약수를 구할 때 1부터 차례대로 찾을 수도 있지만, 무지개 방식(두 수를 연결해서 무지개처럼 표현하는 방식)으로 하면 빠짐없이 찾을 수 있습니다. 예를 들어 12의 약수를 구할 때, '1과 12, 2와 6, 3과 4, 4와 3'으로 짝을 지어 구하는 것입니다. 이렇게 하면 '1, 2, 3, 4, 6, 12'라는 약수를 모두 구할 수 있게 됩니다.

저학년 때는
도형이 쉬웠는데요

저학년 때는 아이들이 도형 관련 단원을 좋아하곤 합니다. 유아 시절부터 익숙하게 들어왔던 '네모, 세모, 동그라미' 등을 활용해 꾸미기나 만들기 활동을 하기 때문입니다. 도형의 이름과 기본적인 성질만 익힌다면 어렵지 않은 학습 내용이 반복되어 흥미롭게 배울 수 있습니다. 하지만 4학년 때 '평면도형의 이동'을 배우면서 도형 학습도 난관에 부딪히게 됩니다. 아이마다 '공간 감각'에 차이가 있기 때문입니다.

처음 운전을 배울 때를 떠올려보세요. 유독 어느 공간에서는 주차가 어렵고 회전도 잘 되지 않았지요. 아이들도 마찬가지입니다. 도형에 대해 넓고 깊게 학습하기 시작하면서 머릿속으로 그려지는 공간에 대한 감각이 불완전한 경우가 있습니다. 이런 경우에는 아무리 말로 개념을 설명해주어도 깨우치기가 쉽지 않습니다. 그렇다면 어떻게 공간 감각을 키워줄 수 있을까요?

해답은 실제로 반복해보는 것입니다. '평면도형의 이동' 단원을 공부한다면 먼저 색종이를 잘라 여러 평면도형을 만들어봅니다. 직접 뒤집고, 밀고, 돌려보면서 도형이 어떻게 움직이는지 여러 번 관찰해야 합니다. 처음에는 부모님이 여러 번 시연해주면서 아이가 따라 하도록 해주세요. 그리고 점차 주도권을 아이에게 넘겨 스스로 다양한 움직임을 만들어보도록 합니다.

다른 단원도 마찬가지입니다. 쌓기나무가 나오면 직접 쌓기나무를 쌓아보고, 각기둥이 나오면 과자 상자 같은 실제 각기둥을 가지고 공부해야 합니다. 3차원 공간은 말로만 설명해서는 개념을 전달하기가 어렵습니다. 특히나 교육심리학자인 피아제의 아동 인지 발달 단계 중 구체적 조작기에 해당하는 초등학생 아이들에게는 그 어려움이 더욱 크지요. 부모님이 아이의 수학 교과서를 살펴보며 도형 단원이 나오면 직접 만져보고 관찰하도록 준비해주세요.

아이들이 도형에 대한 흥미를 잃지 않게 해주는 좋은 프로그램도 있습니다. 바로 '테셀레이션(tessellation)'입니다. 요즈음

교육 분야에서 계속 화두로 등장하는 '스팀(STEAM) 교육'의 한 방법이기도 하지요. 테셀레이션이란 우리가 바닥에 타일을 까는 것처럼 특정한 모양을 반복해 일정한 영역을 빈틈없이 채우는 것을 말합니다. 인터넷에 '테셀레이션 도안'을 검색해보면 여러 가지 도안들을 찾을 수 있습니다. 그중 아이가 특별히 좋아하는 모양이나 무늬를 골라 도화지를 채워보게 하세요. 미술 시간 같은 즐거운 활동으로 자연스럽게 평면도형의 이동에 대한 감각을 익힐 수 있습니다.

수학은 연산만 잘하면 되는 거 아닌가요?

초등 수학을 공부하면서 아이와 부모님이 하는 큰 착각이 있습니다. 바로 '연산을 잘하면 수학을 잘한다'라고 생각하는 것입니다. 물론 초등 수학에서 연산이 차지하는 비중은 70퍼센트 정도로 매우 높으며, 연산을 잘하는 아이들은 초등 수준에서 필요한 수학적 문제 해결 능력도 뛰어난 편입니다. 또한 연산 문제를 잘 풀고 나면 아이들 스스로 수학을 잘하고 있다는 자신감과 성취감이 높아집니다. 그러나 새로운 학년으로 올라가고 점점 더어려운 개념을 접하면서 연산만으로는 해결할 수 없는 수학의 벽을 느끼고, 흥미와 자신감을 잃는 경우가 많습니다. 따라서 초등 수학을 정말 잘하기 위해서는 한 단계 더 연습해야 할 부분이 있습니다. 바로 '말로 설명하기'입니다.

학부모님들은 중·고등학생 시절, 수학 시간에 증명이나 정리 같은 것을 해보신 기억이 있을 겁니다. 수학 교과에서는 정답을 맞히는 능력뿐 아니라 문제를 해석해 정답을 도출하는 과정을 수학적인 언어로 표현할 수 있는 능력도 중요합니다. 초등학교 단계에서는 이를 연습하며 수학적 개념을 확인하는 과정이 반드시 필요합니다.

실제로 초등학교 수학 교과서에는 저학년부터 문제 풀이 과정을 말로 설명해보게 하는 활동이 계속 등장합니다. 미국 NTL(National Training Laboratories)에서는 '서로 가르치기'의 방법으로 공부했을 때 단순히 수업을 듣고, 읽고, 연습해보는 것보다 훨씬 뛰어난 성취도를 보였다고 합니다. 손으로 풀면서 입으로도 설명하는 게 중요한 이유입니다.

앞서 프롤로그에서 설명한 것처럼 몇 해 전 시골에서 제가 가르친 아이들의 절반이 영재교육원에 합격한 적이 있습니다. 이때 아이들의 수학 실력을 끌어올리기 위해 가장 중점을 두었던 방법이 바로 '말로 설명하기'였습니다. 문제를 풀고 제게 확인을 받으러 오면 왜 이 답이 나왔는지를 반드시 설명하게 했습니다. 처음에 제대로 대답하지 못하던 아이들은 연습을 거듭할수록 설명하는 능력이 좋아졌고, 학기 말이 되어서는 제가 시키지 않아도 먼저 풀이 과정을 설명해주었습니다.

말로 설명하기에는 여러 이점이 있습니다. 문제를 잘못 풀었을 때는 이 과정에서 아이들이 스스로 오류를 발견하곤 합니다. 설명하면서 말이 맞지 않는 부분을 발견하게 되거든요. 또한 조리 있게 말하는 능력이 키워지기도 합니다. 자신의 문제 풀이가 어느 정도 정착된 이후에는 친구들끼리도 서로의 풀이 과정을 설명하도록 했는데, 이 과정에서 한 번 더 의사소통 능력이 발달했습니다. 게다가 개념을 말로 설명하면 기억에 더 오래, 뚜렷이 남습니다.

연산을 익히는 것과 더불어 개념과 문제를 말로 설명하는 연습을 아이에게 꾸준히 가르쳐보세요. 반드시 좋은 성과로 돌아올 것입니다. 이후 중·고등학교에 가면 개념과 풀이 과정을 노트에 글로 적어보는 것으로 대체할 수 있습니다. 핵심은 '스스로 설명하는 것'입니다. 이 점을 꼭 기억하고 실천할 수 있도록 독려해주세요.

초등 수학
교육과정 길라잡이

1, 2학년 교육과정	3, 4학년 교육과정	5, 6학년 교육과정
수 감각과 연산의 기초를 다지는 시기	나눗셈과 분수, 수학 공부 대혼란의 시기	복잡한 연산과 도형, 수포자가 나타났다

3학년 1학기

· 덧셈과 뺄셈
· 평면도형
· 나눗셈
· 곱셈
· 길이와 시간
· 분수와 소수

3학년 2학기

· 곱셈
· 나눗셈
· 원
· 분수
· 들이와 무게
· 자료의 정리

4학년 1학기

· 큰 수
· 각도
· 곱셈과 나눗셈
· 평면도형의 이동
· 막대그래프
· 규칙 찾기

4학년 2학기

· 분수의 덧셈과 뺄셈
· 삼각형
· 소수의 덧셈과 뺄셈
· 사각형
· 꺾은선그래프
· 다각형

5학년 1학기

· 자연수의 혼합계산
· 약수와 배수
· 규칙과 대응
· 약분과 통분
· 분수의 덧셈과 뺄셈
· 다각형의 둘레와 넓이

5학년 2학기

· 수의 범위와 어림하기
· 분수의 곱셈
· 합동과 대칭
· 소수의 곱셈
· 직육면체
· 평균과 가능성

6학년 1학기

· 분수의 나눗셈
· 각기둥과 각뿔
· 소수의 나눗셈
· 비와 비율
· 여러 가지 그래프
· 직육면체의 부피와 겉넓이

6학년 2학기

· 분수의 나눗셈
· 소수의 나눗셈
· 공간과 입체
· 비례식과 비례배분
· 원의 넓이
· 원기둥, 원뿔, 구

1, 2학년
교육과정

수 감각과 연산의 기초를
다지는 시기

    수학 교육과정은 각 학년 각 학기에 제시된 단원에 따라 설명했습니다. 2022년부터 3, 4학년의 수학 교과서가 검정 교과서로 개편되며 여러 출판사에서 수학 교과서를 발행했습니다. 그러나 교육부에서 제시한 성취기준에는 변함이 없고, 각 출판사도 그 기준에 따라 교과서를 집필하므로 단원의 편성과 내용은 모두 같습니다.

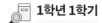

1학년 1학기

① 9까지의 수

1부터 9까지의 수를 읽고 쓰는 방법을 공부합니다. 수를 세는 방법은 크게 두 가지가 있습니다. '하나, 둘, 셋…'과 같이 우리말로 세는 방법, '일, 이, 삼…'과 같이 한자어로 세는 방법입니다. 다양한 상황에서 수 세기를 연습하면서 아이가 두 가지 방법에 모두 익숙해지도록 해야 합니다.

수 세기를 연습할 때는 주변 사물을 활용하는 활동이 가장 좋습니다. 연필, 지우개, 책상, 사람 등의 수를 세어보며 우리말, 한자어, 숫자 등으로 모두 나타내봅니다. 수를 쓸 때는 어떤 순서로 쓰는지 부모님이 직접 보여주세요. 수의 순서를 이해하기 위해 1부터 9까지의 수를 섞어서 쓴 뒤 아이가 순서대로 이어보는 활동을 할 수도 있습니다.

② 여러 가지 모양

일상생활에서 볼 수 있는 도형 중 입체도형인 '직육면체', '원기둥', '구'를 알아봅니다. 1학년 때는 도형의 실제 이름은 언급하지 않고, '상자 모양', '둥근 기둥 모양', '공 모양' 같은 표현을 사용해 구분합니다. 주변에서 이 세 가지 모양에 맞는 물건을 찾아 분류할 수 있어야 합니다.

이 단원의 궁극적인 목표는 입체도형의 모양을 인식하는 것입니다. 따라서 일상생활에서 접하는 다양한 물건들을 관찰하고 만져보고 분류하는 활동이 중요합니다. 이 과정에서 "어떤 점이 같지?", "어떤 점이 다르지?"와 같은 질문을 하며 공통점과 차이점을 발견하게 합니다. 클레이나 상자 등을 활용해 모양을 만들어보는 활동도 좋습니다. 입체도형으로 동물이나 로봇 등 아이들이 좋아하는 주제로 만들기를 하면서 입체도형에 친숙해질 수 있도록 해주세요.

③ 덧셈과 뺄셈

한 자릿수의 덧셈과 뺄셈을 공부합니다. 초등 1학년은 아이들이 손가락을 구부렸다 폈다 하며 세어가는 시기지요. 그러나 셈을 공부하면서 점차 다른 방법으로 연산을 하도록 장려해야 합니다. 셈을 하기 위해서는 먼저 '모으기'와 '가르기'를 연습합니다. 모으기를 할 때는 구체물을 사용합니다. 예를 들어 검은 바둑돌 3개, 흰 바둑돌 2개를 모아 바둑돌 5개가 된다는 것을 눈으로 확인하게 합니다. 가르기를 할 때도 구체물을 활용해 '숫자 9를 5와 4로 가르기' 하거나 '숫자 9를 3과 6으로 가르기' 등 다양한 방법이 있다는 것을 알려줄 수 있습니다.

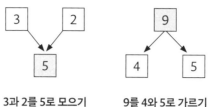

3과 2를 5로 모으기　　　**9를 4와 5로 가르기**

　덧셈과 뺄셈은 앞으로 기나긴 수학 공부의 가장 기본이 되는 연산이므로 능숙해지도록 많은 연습을 해야 합니다. 처음에는 덧셈과 뺄셈의 원리를 이해하는 데 중점을 두고 시작하더라도 단원이 마무리될 즈음에는 '3+5=8'과 같은 대답이 자연스럽게 빨리 나오도록 반복 연습해야 합니다. 그래야 이후 다른 연산으로 수월하게 넘어갈 수 있습니다. 또한 '합'과 '차' 같은 덧셈과 뺄셈을 나타내는 다른 표현에도 익숙해지도록 도와주세요.

④ 비교하기

　두 가지 대상을 놓고 어느 것이 더 긴지 무거운지 넓은지 많이 담을 수 있는지를 비교합니다. 앞으로 수학 시간에 길이, 들이, 무게, 넓이를 공부하는 데 기초가 되는 내용입니다. 주변의 사물을 평소에 잘 관찰하고 만져보면서 양감, 즉 정확한 수치를 재보지 않아도 대강의 길이와 넓이 등을 비교할 수 있는 감각을 길러야 합니다. 아이가 헷갈리지 않으려면 차이가 명확한 물건으로 비교하는 것이 좋습니다.

길이를 비교할 때는 시작점을 같게 해주는 것이 중요합니다. 나중에 자를 사용해 길이를 재는 학습을 할 때도 이 점에 유의해야 합니다. 넓이를 비교할 때는 '크다, 작다'보다는 '넓다, 좁다'라는 표현을 사용하도록 합니다. 들이를 비교할 때는 액체의 높이로만 대상을 비교하지 않도록 해주세요. 서로 다른 형태의 두 컵에 든 액체를 같은 모양의 통에 부어보며 들이에 대해 직관적으로 이해할 수 있어야 합니다.

⑤ 50까지의 수

10부터 50까지의 수를 공부합니다. 여러 가지 방법으로 수를 세어보면서 수 감각을 형성해가는 단원입니다. 이 단원에서는 50까지의 수를 바르게 순서대로 세는 것, 10개씩 묶음과 낱개로 표현하는 것이 중요합니다. 학교 수업 시간에는 연결큐브나 수 모형 같은 교구를 사용해 수를 지도합니다. 가정에 이런 교구가 없다면 빨대 10개를 고무줄로 묶어 십(10) 모형을 만들고 낱개의 빨대로 일의 자리를 표현할 수도 있습니다. 아이들이 구체물을 스스로 만져보고 표현하다 보면 수의 구성 원리를 쉽게 이해하고 수 감각을 기를 수 있습니다.

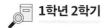

① 100까지의 수

두 자릿수의 구성 방법을 알아보는 단원입니다. 99를 '10개씩 9묶음과 낱개 9개'라고 표현할 수 있어야 합니다. 이 단원 역시 수 모형을 비롯한 구체물을 이용해 아이들이 두 자릿수를 직접 표현해보도록 해야 합니다. 이러한 활동을 반복해 십진 기수법에 대한 기초를 익히도록 해주세요. 그렇지 않으면 54를 '504'로 나타내는 실수를 저지르기도 합니다. 60이나 70과 같은 수를 공부할 때도 '10개씩 묶음 6개를 60, 10개씩 묶음 7개를 70'이라고 한다는 것을 알려주세요.

이어서 짝수와 홀수를 구분하는 활동을 합니다. 초등학교 1학년 단계에서는 2, 4, 6, 8, 10과 같이 둘씩 짝을 지을 수 있는 수를 짝수, 1, 3, 5, 7, 9와 같이 둘씩 짝을 지을 수 없는 수를 홀수라고 한다는 것을 배웁니다.

② 덧셈과 뺄셈(1)

두 자릿수의 덧셈과 뺄셈을 공부합니다. 아직 받아올림이나 받아내림은 등장하지 않습니다. 역시 모형을 활용한 학습이 중요합니다. 수 모형으로 10개씩 묶음은 10개씩 묶음끼리, 낱개는 낱개끼리 움직여가며 계산하도록 합니다. 이 과정에서 덧셈과 뺄셈의 원리를 이해했다면 세로식의 형태로 계산을 연습할 수도 있습니다. 아이들은 계산 과정에서 자주 실수하곤 합니다. 일의 자리는 일의 자리끼리, 십의 자리는 십의 자리끼리 계산하지 않고 가로로 계산하는 일도 있습니다. 또한 +와 - 부호를 제대로 확인하지 않고 무조건 더하기만 하는 경우도 많습니다. 아이들에게는 받아올림과 받아내림이 없더라도 항상 일의 자리부터 계산하도록 강조해주세요.

덧셈과 뺄셈에 대한 용어를 학습하는 것도 중요합니다. '더한다', '합한다', '~보다 ~ 큰 수', '~보다 ~ 작은 수', '뺀다', '덜어낸다', '합', '차' 등이 모두 덧셈, 뺄셈과 관련된 말임을 알고 그 뜻을 이해해야 합니다.

③ 여러 가지 모양

1학기에 입체도형을 배웠던 것에 이어서 2학기에는 평면도형을 공부합니다. 평면도형을 살펴보며 모양을 직관적으로 파악하고, 기준을 찾아 같은 모양끼리 분류하고, 모양의 특징을 알아보고, 이런 특징을 이용해 꾸미는 활동을 합니다. 주변의 입체도형에서 '○, □, △' 모양의 평면을 찾아볼 수 있습니다. 이를 바탕으로 공통점을 찾아 '동그라미 모양, 네모 모양, 세모 모양'이라는 이름을 붙여봅니다. 찰흙이나 클레이 같은 만들기 재료를 이용해 모양을 만들고 꾸미는 활동으로 우리 주변에 동그라미, 세모, 네모가 많다는 것을 인지하게 됩니다. 가정에서도 색종이나 잡지 등을 오려서 모양 꾸미기 활동을 해볼 수 있습니다.

④ 덧셈과 뺄셈(2)

이 단원에서는 먼저 한 자릿수 숫자 3개를 더하고 빼는 활동이 등장합니다. 예를 들어 '3+2+4=9'와 같은 계산을 하는 것입니다. 이어서 2+5와 5+2의 합이 같음을 이해하는 덧셈의 교환법칙을 공부합니다. 그리고 '10이 되는 더하기', '10에서 빼기'를 연습합니다. 이 활동은 후에 받아내림과 받아올림의 기초가 되므로 아주 중요합니다. 먼저 '7에 무슨 수를 더해야 10이 되는지' 알 수 있어야 합니다. 이와 같은 방식으로 1부터 9까지의 한 자릿수에 각각 어떤 수를 더해야 10이 되는지를 알고 있어야 합니다. 반대로 '10에서 7을 뺐을 때 어떤 수가 나오는지'도 알고 있어야 합니다.

⑤ 시계 보기와 규칙 찾기

시계를 보고 몇 시인지 읽을 수 있어야 합니다. 1학년에서는 '정각'과 '몇 시 30분'까지만 읽을 수 있으면 됩니다. 거꾸로 '3

시'라는 말을 듣고 시곗바늘의 위치를 알맞게 그릴 수도 있어야 합니다.

시계에 이어서 규칙과 배열도 공부합니다. 예를 들어 바둑돌이 '흰—검—흰—검—…'의 순서로 배열되었을 때, 다음에 놓을 바둑돌은 무슨 색인지 찾을 수 있어야 합니다.

⑥ 덧셈과 뺄셈(3)

저학년 연산에서 가장 중요한 받아올림이 있는 덧셈, 받아내림이 있는 뺄셈을 공부하는 단원입니다. 즉, '8+7=15', '14-6=8'과 같은 셈을 할 수 있어야 합니다. 이러한 셈을 하기 위해서 다시 한번 '모으기'와 '가르기'를 공부합니다. '8+7'을 계산할 때는 7을 2와 5로 가르기 합니다. 그래서 '8+7=8+2+5=10+5=15'라는 순서로 셈이 완성된다는 것을 공부합니다. 즉, 수를 가르기 해 10을 먼저 만들어준 후, 나머지 숫자를 더해주는 방식입니다. 뺄셈은 이와 반대입니다. '14-6'을 할 때 6을 4와 2로 가르기 한 후 '14-4-2=10-2=8'의 순서로 배우게 됩니다. 즉, 뒤의 수를 가르기 해 10을 먼저 만들어준 후, 나머지 숫자를 빼는 방식입니다. 이 연습이 잘 되지 않으면 앞으로 수학 시간에 큰 어려움을 겪습니다. 아이가 힘들어하더라도 반드시 연습해야 하는 이유입니다.

① 세 자릿수

1학년에서는 두 자릿수에 대해서 배웠지요. 이제는 수의 범위를 1000까지 확장해 배웁니다. 이때는 '자리'와 '자릿값'이 중요합니다. 예를 들어 369라는 세 자릿수가 있을 때, 백의 자리 숫자는 3, 십의 자리 숫자는 6, 일의 자리 숫자는 9입니다. 자리와 자릿값을 명확하게 구분하지 못하는 아이들은 백의 자리에 있는 숫자 3을 300이 아니라 3으로 판단합니다. 세 자릿수에 대한 이해를 바탕으로 '100−200−300−…'처럼 백의 자리에서 뛰어 세기, '110−120−130−…' 등과 같이 십의 자리에서 뛰어 세기 등의 방법도 연습합니다.

② 여러 가지 도형

1학년 때 배웠던 '○, □, △' 모양의 평면도형에 대해 좀 더 자세히 공부합니다. 2학년 때는 '원, 사각형, 삼각형'이라는 용어를 사용해 모양을 표현합니다. 오각형과 육각형도 공부하게 되지요. 각 도형에는 '꼭짓점'과 '모서리'가 있다는 것을 배우고 각각 몇 개씩 있는지도 세어봅니다. 칠교판으로 도형을 활용한 모양 만들기도 합니다. 블록과 비슷한 정육면체의 쌓기나무를 쌓아 여러 방향에서 확인하는 활동도 합니다. 이 단원에서는 여러 가지 도형을 조작하고 만들어보면서 공간 감각을 기르는 것이 핵심입니다. 가정에서 쉽게 할 수 있는 활동은 칠교놀이입니다. 칠교판 조각으로 여러 가지 모양을 만들어보면서 평면도형에 대한 공간 감각을 기를 수 있지요.

③ 덧셈과 뺄셈

2학년 1학기에서 가장 중요한 단원입니다. 받아올림과 받아내림이 있는 두 자릿수의 덧셈과 뺄셈을 공부합니다. 1학년 때 했던 수 모으기와 가르기로 10을 만들어 계산하는 연습이 충분히 되어 있어야 이 부분을 공부할 수 있습니다. 아이들이 덧셈 과정에서 흔히 하는 실수는 다음과 같습니다.

$$\begin{array}{r} 41 \\ + \quad 9 \\ \hline \end{array}$$

· 일의 자리인 1과 9부터 더하지 않고 4와 1부터 더한다.
· 4+1+9를 한다.
· 1과 9를 더하지 않고 4와 9를 더한다.
· 1과 9를 더해 답을 410이라고 쓴다.

뺄셈 과정에서 흔히 하는 실수는 다음과 같습니다.

$$\begin{array}{r} 3\,4 \\ -8 \\ \hline \end{array}$$

- 8에서 4를 뺀다.
- 십의 자리 숫자 3에서 10을 빌려온 후 3을 2로 바꾸지 않는다.
- 십의 자리 숫자 3에서 10을 빌려온 후 10에서 8을 뺀 다음 4를 더하지 않은 채 계산을 끝낸다.

이러한 실수를 줄이기 위해서는 반복 연습이 필요합니다. 다음 학년에서 어려움을 겪지 않으려면 2학년이 끝나기 전에 받아올림과 받아내림을 무리 없이 할 수 있도록 도와주어야 합니다.

④ 길이 재기

자로 센티미터(cm) 단위의 길이를 재보는 활동을 합니다. 자의 올바른 사용법을 배우고 주변 물건의 길이를 cm 단위로 표현하는 연습을 하게 됩니다. 연산 영역에서는 수 감각이 중요하고, 도형 영역에서는 공간 감각이 중요했던 것처럼 길이를 재는 단원에서는 '양감'이 중요합니다. 반복해서 길이를 재다 보면 양감이 길러집니다. 이때 중요한 것은 길이를 재보기 전에 '몇 cm나 될까?' 하고 추측하는 활동입니다. 먼저 추측하고 실제로

길이를 재본 뒤 비교하게 하면 양감을 기르는 데 훨씬 도움이
됩니다.

⑤ 분류하기

주변에서 흔하게 볼 수 있는 물건들을 분명한 기준에 따라 분류하는 단원입니다. 이 단원에서 중요한 것은 '누구나 납득할 만한 객관적인 기준을 정하는 것'입니다. '예쁜 것과 예쁘지 않은 것', '맛있는 것과 맛없는 것'처럼 사람마다 달라지는 기준은 적절하지 않습니다. '파란색 신발'과 '검은색 신발', '세모 모양'과 '네모 모양'처럼 객관적인 기준을 사용해야 합니다. 아이들은 주로 색깔이나 모양, 무늬 등을 기준으로 선택하게 되지요.

⑥ 곱셈

곱셈이 처음 등장하지만 구구단 외우기부터 시작하지는 않습니다. 1학기에는 곱셈의 개념을 아는 것이 목표이고, 2학기부터 곱셈구구(구구단) 외우기를 시작합니다. 물건의 숫자를 셀 때 곱셈을 사용하면 간편하게 수를 구할 수 있는 상황이 있지요. 그런 상황을 접하면서 곱셈의 개념을 이해하고, 곱셈의 여러 가지 표현 방법을 배웁니다. 예를 들어 사과가 2개씩 세 접시에 놓여 있다고 가정해봅니다. 곱셈으로 표현하면 '2×3'이지요. 덧셈으로

표현하면 '2+2+2'가 되며 '2씩 3묶음', '2의 3배'로도 나타낼 수 있습니다.

 2학년 2학기

① 네 자릿수

2학년 2학기에는 네 자릿수를 학습합니다. 이때도 '자릿값'의 개념이 중요합니다. '4537'이라는 수에서 천의 자리 숫자가 무엇인지, 실제로는 몇을 의미하는지 알아야 합니다. 백의 자리 숫자 5도 실제로는 500을 의미한다는 것을 알아야지요. 이처럼 숫자를 읽을 수 있으면서 각 자리의 숫자가 의미하는 정확한 값도 이해해야 합니다. 이때도 수 모형을 활용하면 개념을 이해하는 데 좋습니다. 1000 또는 100씩 묶어 세어보며 자리의 개념을 이해할 수 있지요.

② 곱셈구구

2학년 2학기 수학에서 가장 중요한 단원입니다. 부모님 세대는 '구구단'이라고 배웠지만, 요즘 교과서에서는 '곱셈구구'라고 하지요. 곱셈구구는 배우는 순서가 구구단과는 다릅니다. '2단→3단→4단→…'이 아니라 '2단→5단→3단, 6단 →4단, 8단→7단→9단'의 순서로 배우게 됩니다. 구구단을 무작정 외우기보다는 구구단이 구성되는 원리를 먼저 학습하기 위함입니다. 그리고 각 단에 나타나는 규칙성도 알아봅니다. '5단은 끝의 수가 0과 5로 반복된다', '2단은 2씩 커진다'와 같은 것들이지요.

2학년이 끝나기 전에 구구단을 모두 외워야 3학년 이후의 수학 공부를 할 수 있습니다. 3학년 때 배우는 자연수의 곱셈을 풀려면 구구단을 꼭 알아야 합니다. 구구단을 외우기 어려워하는 아이들은 노래로 외우게 해주세요. 구구단 노래는 여러 버전이 있으므로 아이가 가장 좋아하는 노래를 선택해 연습하게 하면 됩니다.

③ 길이 재기

1학기에 cm 단위를 배웠다면 2학기에는 미터(m) 단위를 공부하게 됩니다. 긴 길이를 재야 하므로 줄자를 사용해야 합니다. 칠판 길이, 게시판 길이, 복도 길이, 운동장 트랙 길이 등도 재볼 수 있습니다. m 단위만으로는 길이를 표현하기에 부족합니다. 따라서 m 와 cm를 함께 사용해 '3m 50cm'와 같이 표현할 수 있어야 하지요. 이를 cm로만 나타내면 '350cm'가 된다는 것도 알아야 합니다.

이 단원에서는 길이를 어림하는 것이 중요합니다. 이를 위해 1cm는 엄지손가락의 손톱 길이 정도, 1m는 양팔 너비 정도라는 것을 인지해야 합니다. 1m에 가까운 물건을 많이 재보고, 자가 없어도 대략적인 길이를 가늠할 수 있어야 합니다.

④ 시각과 시간

'몇 시 몇 분'을 읽는 활동, 달력을 보고 '주일, 개월, 연'을 알아보는 활동을 합니다. 2학년 때는 시계를 읽을 때 '2시 38분'처럼 분 단위까지 구체적으로 읽을 줄 알아야 합니다. 또한 '3시 10분 전', '10시 15분 전'과 같은 또 다른 시간 표현 방법도 공부합니다. 이 단원은 아이들이 굉장히 헷갈려 합니다. 시각을 정확하게 읽기 위해서는 시계에서 긴 바늘과 짧은 바늘을 구분할 수 있어야 하고, 60진법을 이해해야 하기 때문입니다. 시계의 작은 눈금 한 칸이 1분을 의미한다는 것을 알고, 평소에 시계를 자주 보면서 읽는 법을 연습해야 합니다. 달력을 보고 오늘이 '몇 월 며칠'인지를 찾을 수 있어야 하고 오늘로부터 10일 전, 5일 뒤 등의 날짜도 찾을 수 있어야 합니다.

⑤ 표와 그래프

반 학생들을 조사해 표와 그래프로 나타내는 활동을 합니다. 막대그래프나 꺾은선그래프 같은 전문적인 종류는 아니지만 기초적인 형태의 그래프를 공부하며 시각 자료를 만들어봅니다. 먼저 '우리 반 학생들이 좋아하는 운동', '우리 반 학생들이 좋아하는 과일' 등의 주제를 조사해 표로 나타내는 활동을 합니다. 자료를 표로 나타낼 때는 빠지거나 중복되는 자료가 없도록 연필로 표시하면서 세도록 해야 합니다.

운동	태권도	달리기	줄넘기	축구	수영	합계
학생 수(명)	5	4	6	7	2	24

준기네 반 학생들이 좋아하는 운동별 학생 수

이후 그래프로 나타내는 방법을 공부합니다. 그래프를 그릴 때는 가로와 세로에 어떤 항목을 쓸지 정하고, 가로와 세로를 각각 몇 칸으로 할지도 정해야 합니다. 그리고 그래프에 ○, ×, / 과 같은 기호 중 하나를 골라 양을 표시하면 됩니다.

10		○			
8	○	○			
6	○	○			○
4	○	○	○	○	○
2	○	○	○	○	○
학생 수(명) \ 장소	박물관	놀이공원	동물원	농장	과학관

가보고 싶은 체험 학습 장소별 학생 수

⑥ 규칙 찾기

물체, 무늬, 수 등의 배열에서 규칙을 찾는 활동을 합니다. 평소에 흔히 볼 수 있는 포장지나 벽지, 타일 등에서 규칙을 찾을 수 있지요. 덧셈표와 곱셈표처럼 일정한 규칙을 띠는 숫자도 공부합니다.

+	2	4	6	8	10
1	3	5	7	9	11
3	5	7	9	11	13
5	7	9	11	13	15
7	9	11	13	15	17
9	11	13	15	17	19

×	1	3	5	7	9
1	1	3	5	7	9
3	3	9	15	21	27
5	5	15	25	35	45
7	7	21	35	49	63
9	9	27	45	63	81

덧셈표와 곱셈표

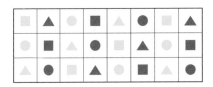

위의 그림과 같이 반복되는 모양과 색깔 등을 보고 규칙을 찾는 활동도 합니다. 규칙을 잘 찾을 수 있다면, 아이가 새로운 규칙을 정해 무늬를 만들어보는 것도 좋습니다.

나눗셈과 분수,
수학 공부 대혼란의 시기

 3학년 1학기

① 덧셈과 뺄셈

이 단원은 덧셈과 뺄셈을 완성하는 단원이므로 아주 중요합니다. 세 자릿수의 덧셈과 뺄셈을 배우면서 처음에는 받아올림이 없는 계산부터 시작해 점차 받아올림이 한 번, 두 번, 세 번 있는 경우까지 공부합니다. 2학년 때 받아올림과 받아내림 하는 방법을 잘 연습해두어야 3학년 계산 문제를 풀 수 있습니다.

계산 문제를 풀 때는 처음부터 세로식 연산 방법을 알려주는 것보다 먼저 수 모형을 활용하는 것이 좋습니다. 수 모형에는 백 모형, 십 모형, 일 모형이 있는데 이 모형들을 직접 만지고 움직여보며 덧셈과 뺄셈을 했을 때 양이 변화하는 과정을 눈으로 확인하면 아이들이 수 감각을 쉽게 기를 수 있습니다.

② 평면도형

직선, 선분, 반직선, 각, 직각, 직각삼각형, 직사각형, 정사각형에 대해 알아보는 단원입니다. 선분은 직선 위에서 특정한 두 점을 곧게 이은 구간입니다. 그리고 한 점에서 시작해 한쪽으로 끝없이 늘인 곧은 선을 반직선, 선분을 양쪽으로 끝없이 늘인 곧은 선을 직선이라고 하지요. 또한 한 점에서 그은 두 반직선으로 이루어진 도형을 각이라고 합니다.

90도인 각을 직각이라고 하는데, 아이들은 아직 각도를 재는 방법을 배우지 않았기 때문에 직각을 다른 방식으로 정의합니다. 종이를 가로로 한 번, 세로로 한 번, 총 두 번 접어 생기는 각을 직각이라고 하지요. 이 개념을 바탕으로 직각삼각형, 직사각형, 정사각형을 배우게 됩니다.

③ 나눗셈

나눗셈이 처음으로 등장합니다. 나눗셈을 하기 위해서는 덧셈, 뺄셈, 곱셈을 모두 활용할 줄 알아야 합니다. 이 단원에서는 물건을 똑같이 나누기, 곱셈과 나눗셈의 관계를 알아보기, 나눗셈의 몫을 곱셈식으로 구하기, 나눗셈의 몫을 곱셈구구로 구하기를 공부하게 됩니다.

④ 곱셈

(두 자릿수)×(한 자릿수)의 곱셈을 공부합니다. (두 자릿수)×(한 자릿수)의 결과를 어림하고 여러 가지 방법으로 계산해보며 계산 원리와 형식을 이해합니다. 또한 이를 바탕으로 실생활에서 문제를 해결할 때 활용해봅니다. 여기서 중요한 것은 자리와 올림의 개념입니다. '23×4'를 했을 때 일의 자리인 3과 4를 먼저 곱하고, 올린 숫자는 십의 자리에 더해준다는 것을 이해해야 합니다.

⑤ 길이와 시간

길이에서는 밀리미터(mm)와 킬로미터(km) 단위, 시간에서는 초 단위를 공부합니다. 길이 부분에서는 1cm보다 더 작은 단위로 mm를 배웁니다. 22cm보다 5mm더 긴 것을 22cm 5mm라고 쓴다는 것과 읽는 법을 공부합니다. 여러 단위의 관계를 이해하고 253mm를 25cm 3mm라고 쓰고 읽을 수도 있어야 합니다. 이어서 1m보다 큰 단위로 킬로미터(km)를 배웁니다. 1000m가 1km라는 것과 읽는 법도 알아야 하지요.

시간 부분에서는 분보다 작은 단위인 초를 배웁니다. 초바늘이 시계를 한 바퀴 도는 데 걸리는 시간이 60초이고, 이것이 1분이라는 것을 배워야 합니다. 이제 아이들은 시계를 보고 '몇 시 몇 분 몇 초'인지까지 읽을 수 있어야 합니다. 이어서 시간의 덧셈과 뺄셈을 계산하게 됩니다. 시는 시끼리, 분은 분끼리, 초는 초끼리 더하고 빼주면 됩니다.

⑥ 분수와 소수

이 단원에서는 분수라는 개념이 처음 등장하면서 똑같이 나누어보기, 분수로 나타내기, 분모가 같은 진분수의 크기 비교하기, 단위분수의 크기 비교하기, 소수 개념 이해하기, 소수의 크기 비교하기 등의 활동을 합니다.

피자를 사람 수에 맞게 똑같이 나누어 먹는 상황을 생각해봅시다. 피자 한 판이 1이고, 그것을 똑같은 양으로 나눈 각 조각을 분수로 표현합니다. 피자 한 판을 6조각으로 나누면 한 조각은 $\frac{1}{6}$ 이지요. 이때 1은 분자, 6은 분모입니다. 분수 중에서 분자가 1인 분수를 단위분수라고 합니다. 분모가 같은 분수의 크기를 비교할 때는 분자의 크기로 비교할 수 있습니다. 아이들이 이해하기 어려워할 때는 그림으로 설명해주세요. 또한 분모가 10인 분수는 소수로 나타낸다는 것도 배웁니다. $\frac{1}{10}$ 은 0.1과 같지요.

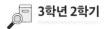 **3학년 2학기**

① 곱셈

올림이 없는 (세 자릿수)×(한 자릿수), 올림이 있는 (세 자릿수)×(한 자릿수), (몇십)×(몇십)과 (몇십 몇)×(몇십), (몇)×(몇십 몇)과 (몇십 몇)×(몇십 몇)의 계산을 공부합니다. 반복적인 연산 연습이 중요한 단원이지요. 계산하기 전에는 계산 결과를 어림해보도록 하고 실제 계산 결과와 비교해보게 하세요. 아이들이 수에 대한 감각을 형성하는 데 도움이 됩니다.

② 나눗셈

(두 자릿수)÷(몇), (세 자릿수)÷(몇)을 공부합니다. 또한 나눗셈 계산이 맞는지 확인하는 검산 과정을 학습합니다.

$$36 \div 3 = 12 \quad \Rightarrow \quad 3 \overline{)\begin{matrix} 1\ 2 \\ 3\ 6 \end{matrix}} \leftarrow \text{몫} \qquad 3 \overline{)\begin{matrix} 1\ 2 \\ 3\ 6 \end{matrix}} \begin{matrix} \leftarrow \text{몫} \\ \leftarrow \text{나누어지는 수} \end{matrix}$$

$$\underset{\text{몫}}{} \qquad\qquad \underset{\text{나누는 수}}{}$$

나눗셈을 세로로 계산할 때는 위치마다 어떤 숫자를 써야 하는지를 알아야 합니다. 나누는 수는 어디에 쓰는지, 몫은 어디에 쓰는지 기억하도록 해주세요. 이어서 나머지가 있는 나눗셈에 대해 공부합니다. 나눗셈과 곱셈은 서로 반대되는 관계이므로 나눗셈의 계산이 맞는지는 곱셈으로 검산할 수 있습니다.

③ 원

여러 가지 방법으로 원을 그리고 원의 중심, 반지름, 지름, 성질을 알아보는 단원입니다. 컴퍼스를 이용해 원을 그리고, 원을 이용한 무늬를 규칙에 따라 그려봅니다. 6학년 때 배우는 원주와 원의 넓이의 기초가 되는 단원이지요. 원의 개념은 '한 점에서 같은 거리에 있는 점들의 모임'입니다. 원의 중심과 원 위의 한 점을 이은 선분이 원의 반지름, 원 위의 두 점이 원의 중심을 지나도록 이은 선분을 원의 지름이라고 하지요. 이 단원에서는 '컴퍼스'가 등장합니다. 컴퍼스의 침을 원의 중심에 꽂고 돌리면 원을 그릴 수 있습니다. 반지름이 2cm인 원, 반지름이 4cm인 원 등 반지름의 길이에 따라 각각 다른 원을 그릴 수 있어야 합니다.

④ 분수

진분수, 가분수, 대분수에 대해 공부합니다. 가분수를 대분수로, 대분수를 가분수로 바꾸는 과정 또한 학습하지요. 분자가 분모보다 작은 분수를 진분수, 분자가 분모와 같거나 분모보다 큰 분수를 가분수라고 하지요. $\frac{4}{4}$처럼 분자와 분모가 같은 분수가 1이라는 것도 배웁니다. $1\frac{1}{4}$은 대분수이며 1과 4분의 1이라고 읽습니다. 분수를 수직선에 나타내 크기를 비교하는 활동도 하게 됩니다. 수직선을 눈으로 확인하고 비교하면 아이들이 분수의 크기에 대한 개념을 정확히 배울 수 있습니다.

⑤ 들이와 무게

들이인 리터(L)와 밀리리터(ml), 무게인 그램(g)과 킬로그램(kg), 톤(t)을 알아봅니다. L를 ml로 바꾸기, kg을 g으로 바꾸기 등 단위를 변환해보고, 들이와 무게를 어림하기, 들이와 무게의 덧셈과 뺄셈 등을 하게 되지요.

⑥ 자료의 정리

표와 그림그래프를 공부합니다. 2학년 때와 달리 조사 항목을 좀 더 세분화합니다.

경기	공 굴리기	달리기	줄다리기	박 터뜨리기	합계
청군 점수(점)	100	50	200	100	450
백군 점수(점)	200	100	100	150	550

운동회에서 청군과 백군이 얻은 점수

요일	학생 수	
월요일	☺☺☺☺☺☺☺☺	53
화요일	☺☺☺	30
수요일	☺☺☺☺	22
목요일	☺☺☺☺☺☺	33
금요일	☺☺☺☺☺☺☺☺☺	45

도서관을 이용한 학생 수   10명 ☺ 1명

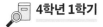 4학년 1학기

① 큰 수

사회에서는 큰 수를 자주 사용합니다. 아이들도 사회 교과서에서 인구나 경제 등을 배우려면 네 자릿수 이상의 큰 수에 대해서 알고 있어야 합니다. 이 단원에서는 1000부터 시작해 십만, 백만, 천만, 억, 조 단위의 수까지 알아봅니다. 수가 굉장히 크기 때문에 수 모형이나 바둑돌 같은 구체물로 표현하기는 어렵습니다. 따라서 자릿값의 원리와 십진법을 이해하게 하고 1000이 10개면 10000, 10000이 10개면 100000이라는 식으로 확장해야 합니다.

② 각도

각도에 대해 배우고 각도기로 각의 크기를 재봅니다. 예각과 둔각을 구별하고 이해하기, 각도를 어림하고 각도의 합과 차를 구하기, 삼각형과 사각형에서 내각의 크기를 더하는 활동도 하게 되지요. 각도가 0°보다 크고 직각보다 작은 각을 예각, 직각보다 크고 180°보다 작은 각을 둔각이라고 합니다. 또한 삼각형에서 세 각의 크기의 합은 180°, 사각형에서 네 각의 크기의 합은 360°가 되지요.

③ 곱셈과 나눗셈

(세 자릿수)×(두 자릿수), (두 자릿수)÷(두 자릿수), (세 자릿수)÷(두 자릿수)를 공부합니다. 자연수의 곱셈과 나눗셈을 마무리하는 단원이기 때문에 의미 있는 단원입니다.

④ 평면도형의 이동

이 단원은 아이들의 공간 감각을 길러주기 위한 단원입니다.

여러 도형을 밀기, 뒤집기, 돌리기를 해보면서 나중에 배울 도형의 합동과 대칭의 기초를 마련합니다.

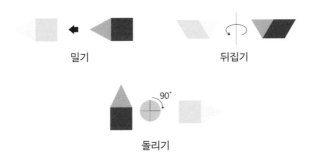

밀기

뒤집기

돌리기

⑤ 막대그래프

실생활에서 발생하는 문제를 그래프로 그려 해결하면서 통계의 기초를 마련하는 단원입니다. 아이들은 이미 2학년 때 간단한 형태의 그래프를 그리는 연습을 해보았습니다. 이제는 그래프의 종류를 더 자세히 알아보면서 자료의 크기에 따라 어떻게 그려야 하는지에 중점을 둡니다.

⑥ 규칙 찾기

수와 도형의 배열을 보고 규칙을 찾아내는 활동을 합니다. 2학년 때 배운 무늬나 도형의 패턴을 찾아내는 법에서 나아가 이를 수나 식 등 수학적으로 표현할 수 있도록 연습합니다. 수 배열표를 보고 규칙 찾기, 모형을 사용해 규칙 찾기, 달력을 보며 규칙 찾기 등을 할 수 있어야 합니다.

 4학년 2학기

① 분수의 덧셈과 뺄셈

자연수의 덧셈과 뺄셈처럼 분수를 더하고 빼는 방법을 알아봅니다. 4학년 때는 분모가 같은 분수의 덧셈과 뺄셈을, 5학년 때는 분모가 다른 분수의 연산을 배우게 되지요.

② 삼각형

이등변삼각형, 정삼각형, 예각삼각형, 둔각삼각형 등을 공부합니다. 이 단원에서는 먼저 이등변삼각형과 정삼각형의 개념을 배웁니다. 두 변의 길이가 같고 두 각의 크기가 같은 삼각형은 이등변삼각형, 세 변의 길이가 같은 삼각형은 정삼각형입니다. 정삼각형도 이등변삼각형에 포함된다는 것도 알아야 합니다.

③ 소수의 덧셈과 뺄셈

소수 두 자릿수와 세 자릿수를 공부합니다. '0.35+0.7'과 같은 계산을 할 수 있어야 합니다.

④ 사각형

수직과 평행, 여러 가지 사각형(사다리꼴, 마름모, 평행사변형)의 종류에 대해 알아봅니다.

⑤ 꺾은선그래프

막대그래프에 이어 그래프의 다른 종류인 꺾은선그래프를 공부합니다. 막대그래프로 각 항목의 숫자를 쉽게 비교할 수 있었다면 꺾은선그래프로는 '변화하는 양'을 알아보기 수월합니다.

⑥ 다각형

다각형은 모든 변이 선분으로 이루어진 도형으로 변의 숫자에 따라 삼각형, 사각형, 오각형, 육각형 등 다양합니다. 곡선이 들어간 도형은 포함되지 않습니다. 다각형 중에서도 모든 변의 길이와 각의 크기가 같은 도형을 정다각형이라고 합니다.

▼

복잡한 연산과 도형,
수포자가 나타났다

 5학년 1학기

① 자연수의 혼합계산

덧셈, 뺄셈, 곱셈, 나눗셈이 섞인 식을 계산합니다. 이 단원에서 가장 중요한 것은 '계산 순서'입니다. 괄호가 있을 때와 없을 때, 덧셈과 곱셈이 같이 있을 때 등 상황에 따라 어떤 것을 먼저 계산해야 할지 알아야 합니다.

② 약수와 배수

약수, 공약수, 최대공약수, 배수, 공배수, 최소공배수에 대해 공부합니다. 이 단원이야말로 5학년 수학의 가장 큰 난관입니다. '수포자'가 속출하는 단원이기도 합니다.

③ 규칙과 대응

'함수' 개념의 기초가 되는 부분입니다. 이 단원의 핵심은 '하나의 양이 변할 때 다른 양이 함께 변하는 관계를 □나 △ 등의 기호를 사용해 식으로 나타내는 것'입니다. 예를 들면 '언니의 나이(□)는 내 나이(△)보다 3살 많습니다'라는 관계를 '□=△+3'이라고 나타낼 수 있습니다.

④ 약분과 통분

5학년에서 아주 중요한 단원 중 하나입니다. 이어서 배우는 '분수의 덧셈과 뺄셈' 문제를 해결하기 위해 꼭 알아야 할 내용이고요. 이 단원에서는 분수를 약분하기, 기약분수로 나타내기, 통분하기, 분수의 크기 비교하기, 분수와 소수의 관계 알아보기 등을 공부합니다.

⑤ 분수의 덧셈과 뺄셈

분모가 다른 분수의 덧셈과 뺄셈을 학습합니다. 분모가 다른 진분수의 덧셈과 뺄셈, 분모가 다른 대분수의 덧셈과 뺄셈을 알아봅니다. 분모가 다른 분수의 연산을 하기 위해서는 약분과 통분의 개념을 반드시 알고 있어야 합니다.

⑥ 다각형의 둘레와 넓이

평면도형의 둘레를 이해하고 구해보며 직사각형, 평행사변형, 삼각형, 마름모, 사다리꼴의 넓이를 구하는 연습을 합니다. '넓이'의 표준 단위가 처음 등장하는 단원으로 '제곱센티미터(cm^2), 제곱미터(m^2), 제곱킬로미터(km^2)'를 알아봅니다. '규칙과 대응' 단원에서 두 수의 대응 관계를 식으로 표현했던 것처럼 다각형의 둘레와 넓이를 식으로 표현하는 방법도 공부합니다.

 5학년 2학기

① 수의 범위와 어림하기

'이상과 이하', '초과와 미만', '올림과 버림', '반올림'을 알아봅니다. 이 단원에서는 '경계의 값'을 포함하느냐 포함하지 않느냐가 중요합니다. '이상과 이하'에서는 경계의 값을 포함하고, '초과와 미만'에서는 경계의 값을 포함하지 않는다는 것을 배웁니다.

② 분수의 곱셈

(분수)×(자연수), (자연수)×(분수), (진분수)×(진분수)의 곱셈을 알아봅니다. 분수의 곱셈에서는 분자는 분자끼리 곱하고 분모는 분모끼리 곱합니다. $\frac{4}{7} \times \frac{1}{6} = \frac{4 \times 1}{7 \times 6} = \frac{4}{42} = \frac{2}{21}$과 같은 과정을 거쳐 계산하는 법을 알아야 합니다.

③ 합동과 대칭

도형의 합동, 선대칭도형, 점대칭도형에 대해 알아봅니다. 그리고 합동인 두 도형에서 대응변, 대응각, 대응점을 찾아보며 합동의 성질을 익힙니다. 이어서 도형을 반으로 접어보며 선대칭도형에 대해 학습합니다. 데칼코마니와 같은 미술 활동을 병행하면 쉽게 이해할 수 있습니다. 선대칭도형 다음에는 점대칭도형을 공부하는데, 이때는 공간지각능력이 필요합니다. 점대칭도형은 어떤 점을 중심으로 180° 돌렸을 때 완전히 겹치는 도형이므로 머릿속으로 180° 돌린 모습을 상상할 수 있어야 합니다.

④ 소수의 곱셈

(소수)×(자연수), (자연수)×(소수), (소수)×(소수)를 공부합니다. 이 단원을 공부하기 위해서는 자연수의 곱셈, 분수의 곱셈을 할 수 있어야 합니다. '0.12×87.2', '0.25×1.4'와 같은 복잡한 계

산도 배우게 됩니다.

⑤ 직육면체

직육면체와 정육면체에 대해 알아보는 단원입니다. 겨냥도와 전개도를 살펴보며 도형의 특성에 대해 공부합니다.

⑥ 평균과 가능성

자료를 대표하는 값 중 하나인 '평균'에 대해서 알아봅니다. 평균은 자료의 값을 모두 더해 자료의 개수로 나눈 값입니다. 이어서 가능성을 학습합니다. 가능성은 중학교 과정에서 배울 확률에 대한 기초를 마련하는 단원입니다. 사건 발생 가능성에 대한 구체적이고 복잡한 수치는 아직 배우지 않고 '불가능하다', '반반이다', '확실하다'와 같은 표현을 사용해 나타냅니다.

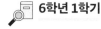 **6학년 1학기**

① 분수의 나눗셈

분수의 나눗셈을 공부합니다. 이 단원의 개념을 잘 이해해야 이후에 등장하는 소수의 나눗셈과 중학교에서 배울 유리수의 계산을 원활하게 할 수 있습니다. (자연수)÷(자연수), (분수)÷(자연수), (대분수)÷(자연수)의 계산을 공부합니다.

② 각기둥과 각뿔

입체도형인 각기둥과 각뿔에 대해 배웁니다. 각기둥과 각뿔의 개념을 학습하고, 각 도형을 이루고 있는 구성 요소의 성질에 대해서도 알아봅니다.

③ 소수의 나눗셈

(소수)÷(자연수), (자연수)÷(자연수)의 몫을 소수로 나타내기, 몫의 소수점 위치를 확인하기 등을 공부하는 단원입니다.

④ 비와 비율

숫자의 크기를 정확하게 비교하는 방법을 알아봅니다. 두 수를 나눗셈으로 비교하기 위해 기호 콜론(:)을 사용해 나타낸 것을 '비'라고 합니다. 이어서 기준량이 100인 백분율의 뜻과 백분율을 구하는 방법을 알아보게 됩니다.

⑤ 여러 가지 그래프

3학년 때는 그림그래프, 4학년 때는 막대그래프와 꺾은선그래프를 배웠지요. 6학년에서는 띠그래프와 원그래프를 배웁니다. 띠그래프와 원그래프는 앞서 배운 그래프들과는 달리 비율 그래프이기 때문에 비율의 개념을 알고 있어야 합니다.

⑥ 직육면체의 부피와 겉넓이

cm^2, 세제곱센티미터(cm^3)와 같은 단위를 사용해 겉넓이와 부피를 구해봅니다.

6학년 2학기

① 분수의 나눗셈

분모가 같은 분수의 나눗셈과 분모가 다른 분수의 나눗셈을 공부합니다. $\frac{8}{9} \div \frac{4}{7} = \frac{8}{9} \times \frac{7}{4}$ 처럼 곱셈식으로 표현하는 방법도 알아봅니다.

② 소수의 나눗셈

(소수)÷(소수), (자연수)÷(소수)의 계산 방법을 공부합니다. 소수의 나눗셈에서 몫이 0.33333…처럼 무한하게 계속되는 경우 반올림해 나타내는 방법도 알아봅니다.

③ 공간과 입체

쌓기나무와 연결큐브로 입체도형과 공간에 대해서 이해하는 단원입니다. 쌓기나무를 여러 개 올리면 앞, 뒤, 옆, 위에서 본 모습이 각각 다릅니다. 위치마다 달라지는 모습을 알아보고 쌓기나무의 개수를 셀 수 있어야 합니다.

④ 비례식과 비례배분

숫자를 비교할 때, 식을 세우는 방법을 배웁니다. 비 3:4에서 ':' 앞에 있는 3을 전항, 뒤에 있는 4를 후항이라고 하며, 비율이 같은 두 비는 기호 '등호(=)'를 사용해 6:4=18:12와 같은 비례식으로 나타낼 수 있습니다. 이어서 전체를 주어진 비로 배분하는 비례배분에 대해서도 공부합니다.

⑤ 원의 넓이

원주와 지름의 관계, 원주율을 알아보고 원의 넓이를 구해봅니다.

⑥ 원기둥, 원뿔, 구

원기둥, 원기둥의 전개도, 원뿔, 구 등을 알아보는 단원입니다.

불안은 날리고
재미는 살리고

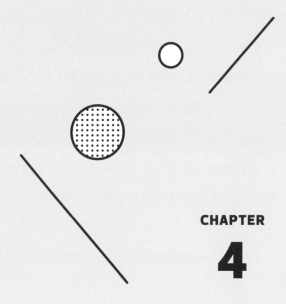

CHAPTER

4

영어 학습,
언제 시작해야 할까요?

흔히 영어 학습에는 '결정적 시기'가 있다고 말합니다. 이 시기를 놓치면 언어 학습이 어려워지므로 아주 어릴 때부터 시작해서 원어민처럼 정확한 발음으로 유창하게 의사소통해야 한다고 생각하는 것입니다. 이런 걱정 때문에 유아기 때부터 엄마표 영어를 가르치고, 영어 유치원에 관심을 갖는 것입니다. '지금 이 시기를 놓치면 안 된다'라는 생각이 자꾸만 부모님들을 초조하게 하지요. 그런데 언어 학습에 결정적 시기라는 것이 정말로 존재할까요?

아기가 태어나 처음으로 말을 시작하기까지는 보통 1년이라는 시간이 필요합니다. 한번 말문이 트이면 주변의 언어를 흡수해 말하기 능력이 급속도로 발달합니다. 시간이 더 지나면 자연스럽게 대화를 하게 되고요. 영어가 모국어인 환경이라면 영어학습도 이와 비슷하게 진행되겠지만, 한국에서 영어는 '제2의 언어'입니다. 즉, 우리가 모국어를 받아들이고 자연스레 말하는 것과는 다른 방식으로 학습한다는 것입니다.

제2 언어로써 영어를 학습할 때 결정적 시기란 주로 '악센트(accent)'와 관련이 있습니다. 《외국어 학습 교수의 원리》라는 책에서 언어학자인 윌시와 딜러는 "발음은 조기에 성숙해지고 적응력이 적은 대신 경회로에 의존하므로, 유년기를 넘어서면 외국인의 악센트를 극복하기가 어렵게 된다"라고 했습니다. 이 말만 들으면 아이가 어렸을 때부터 영어를 시작해야 유창한 발음을 익힐 수 있으므로 하루라도 빨리 가르쳐야겠다고 생각할지 모릅니다.

그러나 '발음'은 영어 학습의 전부가 아닙니다. 영어는 전 세계에서 공용어로 사용되면서 제각기 다른 악센트를 갖게 되었습니다. 대표적인 영어 시험인 토익에서도 듣기 문항에 여러 나라에서 사용하는 발음을 번갈아 들려줄 정도로 다양한 발음과 억양을 받아들이는 것은 세계적 흐름입니다. 악센트는 발음을 결정짓는 여러 요소 중 하나이며, 발음 또한 원활한 외국어 의사소통을 가능하게 하는 영역 중 일부입니다. 즉, 아이를 어릴 때부터 영어에 노출시키며 영어 학습에 열을 올려도 늦게 시작한 아이에 비해 가질 수 있는 이점은 '악센트' 정도라는 것입니다. 악센트 또한 사춘기 이후에 영어를 시작해도 충분히 익힐 수 있다는 연구 결과도 다수 있습니다.

월시와 딜러는 "제2 언어의 다른 면들은 다른 시기에 가장 잘 습득된다"라는 결론을 내렸습니다. "의미 관계와 같은 상급 언어 기능은 나중에 성숙해지는 신경 회로에 좀 더 많이 의존하며, 대학생들은 주어진 시간에 초등학생들이 습득할 수 있는 문법과 어휘 수의 여러 배를 배울 수 있다"라고 한 것이지요. 언어 학습의 궁극적인 목표인 '원활한 의사소통과 의미 교류'를 위해서는 인지적 사고 능력이 충분히 발달한 사춘기 이후에 학습하는 것이 더 효과적이라는 주장입니다.

정규 교육과정에서 초등학교 3학년 때 영어를 시작하는 이유는 바로 이런 사실들 때문입니다. 아이들이 먼저 모국어를 충분히 익히면서 사고 과정을 발달시키는 것이 우선이라고 판단한 것이지요. 요즘 중·고등학교 영어 시간에는 이런 문제 상황이 있다고 합니다. 영어 단어를 한국어로 번역할 수는 있어도 정작 그 한국어 단어의 뜻을 모르는 것입니다. 예를 들어 'perspective'라는 단어의 뜻이 '관점'이라는 것은 알지만, 정작

'관점'이 무슨 뜻인지를 정확히 이해하지 못한다는 것이죠. 이런 상황에서는 영어 단어를 아무리 많이 알아도 문맥을 정확히 이해하기가 어렵습니다. 물론 아이가 영어 공부를 좋아하고 어린 나이부터 잘 따라간다면 영어를 일찍 시작할 수도 있겠지요. 일찍 영어를 배우고 미래를 대비하는 것은 두뇌 계발에 좋을 수 있습니다. 그러나 아이에게 더 중요한 것은 모국어 정착과 사고 기능의 발달이라는 것을 꼭 기억하면 좋겠습니다. 아이의 발달 단계에 맞는 우리말 의사소통이 충분히 가능하고, 적절한 사고 과정을 거칠 수 있는지 늘 확인해주세요.

영어 노출,
틀어만 주면 될까요?

아이가 유치원에 들어갈 무렵이 되면 '영어 유치원에 보내야 하나?'를 고민해보지 않은 가정이 드물 것입니다. 아기가 배 속에 있을 때부터 태교로 영어를 들려주는 엄마도 있을 정도로 영어 교육에 관한 고민은 임신과 동시에 시작됩니다. 영어 유치원에 보내지는 않더라도 '엄마표 영어'로 아이에게 영어를 가르치기도 하지요. 요즘은 TV나 유튜브를 켜기만 해도 온갖 영어 영상과 음원이 쏟아지기 때문에 아이에게 영어를 노출시키는 것은 어려운 일이 아니기도 합니다. 맘카페에는 '한 살이라도 어릴 때 영어 귀를 틔어놓아야 한다'라는 조언도 심심찮게 등장합니다. 이런 말을 듣다 보면 엄마들은 마음이 조급해지면서 당장이라도 영어로 된 무언가를 들려주어야만 할 것 같습니다.

그러나 너무 어릴 때부터 영어에 대한 걱정으로 영어 영상을 무작정 들어주는 것은 기대만큼 큰 효과를 거두기 어렵습니다. 세계적인 언어학자인 스티븐 크라센 박사는 '언어 학습에서 중요한 것은 메시지를 이해하는 것'이라고 말했습니다. 이때 이해할 수 있는 메시지를 '이해 가능한 입력(comprehensible input)'이라 부르지요. 즉, 아이가 제대로 이해할 수도 없는 내용을 단순히 영어라는 이유로 계속 들려주는 것은 학습 효과가 거의 없다는 뜻입니다. 'BBC 뉴스를 계속 들어놨더니 어느 순간 영어 귀가 뚫렸다'라는 식의 이야기를 들어본 적이 있을 것입니다. 이 방식이 성공하려면 뉴스를 이해할 만큼의 사회, 경제, 정치 관련 배경 지식이 있어야 합니다. 따라서 아이에게 영어를 노출해줄 때도 우리 아이가 이해할 수 있을 만한 내용을 선별하는 것이 중요합니다.

영어를 처음 접하는 아이라면 파닉스(phonics) 관련 영상이나 아주 간단한 단어 몇 가지가 반복되는 노래를 들려주는 것이 좋습니다. 파닉스란 소리와 철자의 관계를 이해하는 것을 말합니다. 'a'는 'ㅐ', 'b'는 'ㅂ', 'c'는 'ㅋ'과 같은 소리가 난다는 것을 익히는 것이지요. 영어 학습의 가장 기초가 되는 부분입니다. 이를 바탕으로 어느 정도 주요 단어나 표현에 익숙해진다면 간단한 문법 구조를 가진 이야기 듣기로 옮겨갈 수 있습니다. 이때도 아이들이 전혀 모르는 내용을 듣게 하기보다는 이미 친숙한 '신데렐라'나 '흥부 놀부' 같은 동화를 영어로 들려주는 게 좋습니다. 이미 이야기와 관련된 배경 지식이 쌓여 있으므로 모르는 단어가 나와도 뜻을 쉽게 유추할 수 있기 때문입니다. 그러나 기존에 아는 이야기더라도 문장이 너무 길고 어려운 단어가 많이 등장하는 영상은 선택하지 않는 것이 좋습니다.

영어와 관련된 영상이나 듣기 자료를 노출한 뒤에는 아이와 내용에 관해 이야기를 나눠보아야 합니다. 내용을 어느 정도 이해하고 있는지, 궁금한 표현은 없었는지 등을 물어봅니다. 아이가 내용을 더 잘 이해하도록 배경 지식을 설명해주고, 그와 관련한 영어 단어 몇 가지도 가르쳐줍니다. 이후에는 반복 청취하면서 주요 패턴에 익숙해지도록 합니다. 반복 청취가 가능하려면 아이가 내용에 흥미를 보여야 합니다. 평소 아이의 관심사를 잘 파악하고, 여러 번 보아도 재밌게 볼 수 있는 주제를 찾는 것이 중요하겠지요. 또한 대화를 하기 위해서는 아이가 보는 콘텐츠의 내용을 부모님도 알고 있어야 합니다. 부모님의 질문 하나 또는 관심 한 번으로 아이는 학습 내용을 더 잘 새길 수 있습니다.

영어 공부가 처음이에요

영어는 학생마다 실력 편차가 큰 과목입니다. 초등학교 3학년 교실에는 알파벳을 전혀 모르는 아이부터 영어 원서를 읽는 아이까지 실력이 천차만별인 아이들이 모여 있습니다. 이렇게 격차가 크기 때문에 어떤 아이에게는 영어 시간이 너무 지루하고, 어떤 아이에게는 어렵기만 합니다. 영어에는 큰 관심이 없던 부모님도 아이가 3학년에 올라갈 즈음에는 이런 상황이 걱정되고 불안해지기 시작합니다. 알파벳도 모르는 상태로 3학년에 올라가도 되는지 궁금하기도 하지요.

초등학교 3학년은 영어를 시작하기에 적절한 나이입니다. 영어 교과목을 3학년부터 시작하는 이유는 어느 정도 모국어에 익숙해졌으며 인지 능력이 서서히 발달하면서 외국어 학습에도 효율이 상승하기 때문입니다. 우리는 영어를 모국어가 아닌 외국어로 배우는 것이기 때문에 한국어처럼 자연스레 습득하는 것을 기대해서는 곤란합니다. 따라서 의도적으로 학습하고 영어에 노출되는 과정이 있어야 합니다.

영어를 처음 시작하는 아이들에게 가장 먼저 권하는 것은 파닉스입니다. 초등학교 영어 교과서는 간단한 인사말을 익히는 것부터 시작됩니다. 파닉스를 익히지 않은 아이들은 소리를 명확하게 구별해내기 힘들어합니다. 따라서 파닉스를 먼저 공부해 알파벳의 이름을 알고 각 철자의 소리를 구별해낼 수 있어야 합니다.

유튜브 등 각종 매체에는 파닉스 학습 자료가 많습니다. 그중에는 노래로 파닉스를 배울 수 있는 '파닉스 송'도 여럿 있습니다. 우리 아이가 가장 흥미로워할 만한 파닉스 송을 골라서 자주 들려주고 따라 부르게 하면 자연스럽게 파닉스를 습득할 수 있습니다. 시골 학교에서 아이들에게 영어를 가르칠 때, 고학년이 되었어도 알파벳을 모르는 아이들이 꽤 있었습니다. 알파벳과 파닉스를 알려주기 위한 다양한 시도 가운데 가장 좋았던 방법이 바로 이 파닉스 송이었습니다. 영어 시간마다 파닉스 송을 즐

겹게 불렀더니 알파벳을 몰랐던 아이들이 학기 말 즈음에는 모두 외운 것은 물론 교과서의 문장들도 더듬더듬 읽어나가기 시작했습니다. 노래를 부르며 자연스레 소릿값을 익힌 것입니다.

파닉스를 어느 정도 익혔다면 기본 회화 문장을 연습하는 게 좋습니다. 초등학교 영어 교과서는 일상생활에서 자주 쓰이는 주요 표현들을 다루고 있으므로 그런 표현을 대화문의 형태로 연습해보는 것입니다. 학원에 다니거나 학습지를 하지 않더라도 '에듀넷'이나 'EBS' 등의 사이트를 활용하면 초등학교 교과서에 나오는 영어 표현들을 원어민의 음성으로 들어볼 수 있습니다. 이때 중요한 것은 '섀도 리딩(Shadow Reading)'입니다. 섀도 리딩이란 소리를 듣고 마치 그림자가 따라가듯 원어민의 발음과 억양을 최대한 비슷하게 따라서 말해보는 연습입니다. 여러 번 반복해서 녹음하고 다시 들어보면 영어 듣기와 말하기 실력이 크게 향상됩니다.

읽기와 쓰기 활동은 듣기와 말하기를 어느 정도 연습한 후에 시작해도 좋습니다. 영어의 네 기능인 듣기, 말하기, 읽기, 쓰기를 동시에 공부해야 한다고 주장하는 사람도 많고 그러한 방법의 장점 또한 있습니다. 하지만 아이들은 적정한 공부량이 주어졌을 때 가장 잘 학습할 수 있으므로 점진적으로 공부하기를 권합니다.

영어는 모국어가 아닙니다. 아이들이 한국말처럼 자연스럽게 습득하기에는 물리적인 한계가 너무나도 큽니다. 언어학자 스티븐 크라센이 이야기한 '이해 가능한 입력'을 다시 한번 명심해 주세요. 아이의 영어 듣기 능력을 키워주기 위해 어려운 CNN 뉴스를 계속 틀어주는 것보다는 교과서에 나오는 쉬운 대화를 자주 들려주는 게 더 의미 있다는 말입니다. 처음부터 많은 목표를 한꺼번에 달성하려고 하기보다는 매일 조금씩 꾸준히 공부하도록 하는 것이 가장 좋은 영어 공부 방법입니다.

04

단어 공부는
어떻게 해야 할까요?

부모님들은 학창 시절에 영어 단어장이나 숙어집 같은 책을 사서 공부해본 경험이 있을 것입니다. 영어 노트에 단어의 뜻을 정리하기도 하고, 시험을 볼 때면 단어장에 있는 단어를 달달 외우기도 했지요. 단어만 많이 알고 있어도 뜻을 유추해 문장을 해석할 수 있기에 단어를 많이 아는 것은 영어 공부에 큰 도움이 됩니다. 초등학교 영어 교과에도 단원마다 주요 단어가 등장하고, 그 단어들을 잘 익혀야 교과 성취도를 달성할 수 있습니다. 단어의 소리를 들려주었을 때 뜻을 이해하고 말로 내뱉을 수 있으며 영어 낱말도 읽고 보지 않아도 쓸 수 있어야 합니다. 그렇다면 우리 아이들의 영어 단어 공부는 어떻게 접근해야 할까요?

　첫 번째, 단어를 반복해서 외우는 방법이 있습니다. 부모님들이 학창 시절에 했던 것처럼 초등 교육과정에 필수적인 영어 단어들을 반복해 외우는 것입니다. 초등 영어 교과서에 실린 기본 단어들을 찾아내 정리하는 것이지요. 이 과정이 번거롭다면 시중에 나와 있는 초등 영어 단어장을 활용할 수도 있습니다. 다만 중요한 것은 단어장을 달달 외우는 방법이 그리 효과적이지 않을 수 있다는 것입니다. 초등학생은 단어를 가지고 놀며 익혀야 합니다. 예를 들어 색깔에 대한 단어를 공부한다면 작은 종이에 'red', 'blue' 등의 단어를 쓰고 해당되는 색을 칠해 단어 카드를 만듭니다. 인지 자극과 신체 활동이 동시에 이루어지면 아이들은 학습 내용을 더 잘 받아들입니다. 활동 후에는 만들어놓은 단어 카드를 활용해 색만 보고 영어 단어를 말하게 하는 등 머릿속에 각인되도록 연습하면 됩니다.

　두 번째, 단어를 자연스럽게 습득하는 방법이 있습니다. 장기적인 영어 교육을 생각하면 이 방법이 아이들에게 더 도움이 될 수 있습니다. 아이들은 책상 앞에 앉아 '단어 공부'를 하라고 하면 대개 싫어하지만, 동화책이나 만화 읽기는 좋아합니다. 아이의 수준에 맞는 쉽고 재미있는 영어 동화책을 부모님과 함께 읽으면 영어 단어를 자연스럽게 배울 수 있습니다. 예를 들어 초등학교 2학년 아이들은 통합교과(봄, 여름, 가을, 겨울) 시간에 가정의 일에 대해 배우면서 《돼지책》이라는 책을 읽습니다. 이 책의 원서인 《Piggybook》을 아이와 함께 읽어보며 집안일에 대한 단어 표현들을 습득할 수 있습니다. 부모님의 발음이 다소 걱정되더라도 크게 개의치 마세요. 아이들은 부모님과 함께하는 시간 자체에 행복을 느낍니다. 그래도 걱정이 된다면 CD나 오디오북을 사용해 원어민의 발음을 들려줄 수도 있습니다.

단어의 중요성을 깨닫고 효율적인 학습을 위해 단어 시험을 보는 가정도 있습니다. 주어진 범위를 공부하고 단어 시험을 보면 단어를 빠르게 습득할 수는 있으나 초등학생 아이들에게는 그다지 권장하고 싶지 않은 방법입니다. 아이들은 앞으로 평생, 혹은 최소 10년 이상 영어를 공부해야 합니다. 초등학교 시절부터 시험을 치르느라 지나치게 많은 양을 공부하면 자칫 영어에 대한 흥미를 잃을 수도 있습니다. 다소 느리더라도 천천히 영어를 익혀야 하는데, 처음부터 빨리 달리려다가 힘이 빠지면 목적지까지 도달하지 못하는 상황이 생길 수도 있습니다. 따라서 단어 시험을 보고 싶다면 심리적인 압박감이 크게 느껴지지 않도록 단어 카드 등을 사용해서 기억을 확인하는 정도로만 제한하는 것이 바람직합니다.

학교 수업만으로
회화 실력이 길러지나요?

일상생활에서 영어로 소통하는 능력은 초등 영어 교육의 목표 중 하나입니다. 즉, 실생활에서 간단한 회화를 구사할 수 있는 능력을 뜻하지요. 초등교육뿐만 아니라 이후에 영어를 배우는 궁극적인 목표 역시 영어로 원활히 소통하게 되는 것입니다. 그러나 이러한 실력은 쉽게 쌓이지 않습니다. 왜 그럴까요?

초등학교 3학년부터 시작되는 영어 교육은 교과서 위주로 이루어집니다. 특히 많은 학생이 대학 수학능력시험을 염두에 두고 공부하는 상황에서 수능의 평가 방식은 공부법에 지대한 영향을 줄 수밖에 없습니다. 2022학년도 수능을 기준으로 영어 영역의 45문제 중 28문제가 독해 문제이다 보니 영어 공부에서 독해의 비중 역시 커지게 됩니다.

그럼에도 영어 회화는 여전히 중요합니다. 아이들은 성장하면서 영어를 사용해야 하는 상황을 무수히 맞닥뜨립니다. 국제 교류가 활발해지면서 영어를 사용하는 분야도 점점 더 늘고 있지요. 예전에는 가수가 꿈인 아이라면 노래와 춤 연습만 열심히 하면 되었지만, 요즘에는 가수들의 활동 영역이 해외로까지 넓어지면서 영어로 유창하게 소통하는 능력이 빛을 발하고 있습니다. 영어와 무관해 보였던 분야에도 영어 의사소통 능력이 요구되는 것입니다.

사실 초등학교 영어 교과서는 회화가 중심입니다. 일상생활에서 소통하는 데 필요한 필수 질문과 답변을 연습하는 것이 주된 활동이기 때문입니다. 처음부터 영어 문장을 읽고 쓰지도 않으며, 대화 상황을 듣고 이해해 말하는 연습을 주로 합니다. 따라서 초등학교 영어 교과서만 충실히 공부해도 회화에 필요한 필수 구문을 익힐 수 있습니다. 그러나 물리적인 한계 또한 존재합니다. 현행 교육과정에서 초등학교 3, 4학년 아이들은 주당 두 시간(80분), 5, 6학년 아이들은 주당 세 시간(120분)만 영어를 공부합니다. 교육과정에 편성된 영어 시간은 영어가 모국어가 아닌 아이들이 외국어를 충분히 습득하기에는 매우 부족한 실정입니다. 영어 실력을 높이기 위해 매일 꾸준히 연습하는 것보다 더 좋은 것은 없기 때문입니다.

캐나다는 영어와 프랑스어가 공용어입니다. 주에 따라 사용하는 제1 언어가 다르지요. 퀘벡주를 제외하고 대부분의 주에서는 영어를 사용합니다. 캐나다 공립학교에서 파견 근무를 할 때, 현지 초등학교 학생들은 매일 한 시간씩 프랑스어 수업을 받았습니다. 프랑스어를 사용하는 사람들이 함께 살고 있는 환경에서도 외국어 수업 시간을 매일 한 시간은 확보하고 있는데, 우리와 같은 상황에서 주당 두세 시간의 영어 학습 시간은 충분하다고 보기 힘들지요. 학교 수업으로 최소한의 필수 구문은 익힐 수 있겠지만, 유창하게 소통하는 것을 기대하기는 어렵습니다.

따라서 부모님은 우리 아이의 영어 회화 목표를 먼저 생각해 보아야 합니다. 교육과정 수준의 필수 구문을 익히는 것에 만족한다면 교과서를 반복해서 연습하는 것으로도 충분합니다. 그러나 아이가 더 유창하게 의사소통하기를 원한다면 가정에서 추가로 가르쳐야 합니다. 요즘은 유튜브나 스마트폰 앱에서도 영어 회화를 공부할 방법이 굉장히 많기 때문에 아이의 흥미와 관심도에 따라 적절한 것을 선택하면 됩니다.

읽기와 쓰기 공부는
어떻게 하나요?

영어 읽기와 쓰기는 학부모님의 주된 관심사입니다. 우리나라의 입시 현실에서 영어를 읽고 해석할 수 있는 독해는 큰 비중을 차지하기 때문입니다. 입시를 떠나서 아이가 하고 싶은 공부를 하거나 성인이 되어 회사에서 원활하게 업무를 하기 위해서라도 해석하는 능력은 필수적입니다. 초등학교 단계에서 영어 읽기와 쓰기 능력을 키울 수 있는 열쇠는 바로 '독서'입니다. 사실 모든 과목의 기초가 독서지요. 영어 역시 예외가 아닙니다. 영어로 쓰인 책을 꾸준히 읽고 이해하는 연습을 한다면 영어 독해와 작문 실력은 '우후죽순'처럼 쑥쑥 자라게 됩니다.

영어책 읽기를 시작하기 전에는 앞서 언급한 파닉스를 어느 정도 익히는 것이 좋습니다. 아이가 책을 읽으면서 소리와 글자를 연결 짓는다면 자연스럽게 영어 문장을 익힐 수 있기 때문입니다.

그 후에는 재미있고 짧은 동화책 읽기를 시작할 수 있습니다. 시중에는 영어 동화책이 엄청나게 많이 출간되어 있지요. 꼭 서점에 가지 않더라도 공공도서관에는 흥미로운 영어 동화책이 많이 비치되어 있습니다. 그런 책을 잘 활용해보세요. 아이의 관심사에 맞는 주제의 책으로 시작하는 것도 하나의 방법입니다. 책을 골랐다면 부모님이 아이의 옆에서 함께 책을 읽어주세요. 발음이 조금 서툴더라도 괜찮습니다. 부모님이 함께한다는 것이 아이의 심리에 큰 안정감을 주고, 계속 영어책을 읽고 싶은 동기를 부여합니다.

어느 정도 영어책에 대한 부담감이 사라졌다면 원어민의 음성을 들려주는 과정도 필요합니다. 정확한 발음을 인식하는 것도 중요하기 때문이지요. 영어책에 CD가 동봉되어 있거나 음성 파일을 다운받을 수 있는 링크가 안내되어 있을 것입니다. 요즘은 책을 오디오북으로 듣는 경우도 많지요. 자주 들려주며 아이가 영어 음성에 친숙해질 수 있도록 해주세요. 영어책을 읽을 때는 아이가 물어보지 않는 한 단어나 문장을 일일이 해석해주지 마세요. 그림과 함께 책을 읽어나가면서 내용과 단어를 자연스럽게 이해하는 게 좋습니다.

책 읽기를 하다 보면 아이가 유난히 좋아하는 책이 생기기 마련입니다. 이때는 같은 책을 여러 번 반복해 읽게 해주세요. 그러다 보면 책에 나온 주요 표현을 자연스럽게 익힐 수 있습니다. 오디오북 서비스가 제공되는 책이라면 더욱 좋습니다. 보통 '엄마표 영어'를 하다 보면 으레 읽어야 하는 필독서 리스트를 알게 됩니다. 널리 알려진 책들을 읽히는 것도 물론 좋지만 가장 중요한 건 내 아이의 흥미와 관심사입니다. 아이가 권장목록에 흥미를 보이지 않는다면 그 목록에 너무 집착하지 마세요. 어떤 책이든 아이가 재미있어하는 책이 아이를 위한 최적의 영어 교재가 될 수 있습니다.

영어책 읽기에 어느 정도 익숙해진 다음에는 읽기 활동을 책에만 한정 짓지 마세요. 자연스럽게 어린이 영어 신문 등으로 영역을 확장해주는 것이 좋습니다. 영어 신문에는 실생활에 관련된 다양한 글이 아이들의 수준에 맞는 짧은 문장과 어휘로 쓰여 있습니다. 어린이 영어 신문 가운데 아이의 취향에 맞는 주제를 자주 다루고, 어휘 수준이 적당한 것을 골라보세요. 신문에 있는 모든 기사를 다 읽겠다는 마음은 내려놓고, 한두 개의 기사를 읽더라도 아이가 꾸준히 읽을 수 있도록 도와주세요. 모르는 단어가 나올 때는 그때그때 사전에서 찾기보다 아이가 문장의 흐름 속에서 그 뜻을 자연스럽게 유추할 수 있도록 해주는 게 좋습니다. 내용의 80퍼센트 정도만 이해하고 넘어가도 매우 훌륭합니다.

영어 쓰기는 읽기를 어느 정도 습득하면 자연스레 따라옵니다. 독해하는 과정에서 문장의 구조와 흐름을 배우기 때문이지요. 그러나 우리에게 영어는 제2 언어이므로 의도적인 연습 또한 필요합니다. 영어 쓰기를 시작할 때는 '한 문장 쓰기'부터 시작하는 게 좋습니다. 처음부터 긴 글을 쓰려고 하면 부담이 되니까요. 초등학교 교과서에서 다루는 기본 문장부터 시작해보세요.

쓰기를 할 때는 한글 문장을 영어 문장으로 번역하듯이 바꾸는 것보다는 그림이나 사진을 보면서 영어 표현을 떠올려보는 방법을 추천합니다. 예를 들어 아이가 좋아하는 연예인의 사진을 준비합니다. 그리고 그 연예인의 모습을 영어로 표현해보게 합니다. 노트에 사진을 붙여주고 일단 한 문장을 써보게 하면 좋겠지요. 교과서에서 생김새를 묻고 답하는 표현을 배우는 단원과 연계해 공부할 수도 있습니다. 장소의 위치를 설명하는 단원을 공부할 때는 우리 동네의 지도를 출력해 노트에 붙여주며 영어로 표현해보게 할 수 있습니다. 'The school is next to the post office'라는 식으로요.

한 문장 쓰기에 적응했다면 문장의 개수를 서서히 늘려가봅니다. 좋아하는 연예인에 대해 머리 색, 눈동자 색, 입고 있는 옷 등 여러 가지를 설명하면서 한 문단을 완성하게 해보세요. 초등학교 단계에서는 이 정도만 표현할 수 있어도 아주 훌륭한 영어 쓰기 능력을 갖춘 셈입니다.

초등학생인데
문법을 시작해야 할까요?

문법은 영어 공부에서 절대 빠질 수 없는 영역입니다. 부모님 세대의 학창 시절 영어 시간에도 늘 문법이 등장했지요. 맨투맨이나 성문 영어 같은 교재로 문법을 공부했던 분도 많을 것입니다. 4형식과 5형식, 현재완료와 과거완료를 배우면서 어떤 기분이 들었나요? 영어 과목을 굉장히 좋아했던 저도 문법을 배울 때는 재미없어했던 기억이 납니다.

그렇다면 우리가 매일 사용하는 한국어를 놓고 생각해봅시다. 학교에서 국어 문법을 배우긴 했지만, 일상생활에서 문장 성분이나 불규칙 활용 같은 문법 규칙을 떠올리면서 말하지는 않지요. 모국어와 외국어라는 큰 차이는 우선 배제하고 아이들이 영어를 배울 때도 한국어처럼 문법에 대한 부담감이나 지루함을 덜어줄 순 없을까요?

우리가 언어를 공부할 때는 크게 두 가지의 목표가 있습니다. '유창성'과 '정확성'이지요. 유창성은 언어를 물 흐르듯 막힘없이 구사할 수 있는 능력입니다. 정확성은 오류 없이 규칙에 맞게 언어를 구사하는 능력이고요. 문법은 그중에서 정확성을 기르기 위해 공부합니다. 물론 문법 공부로 유창성까지 길러지기도 하지만 주된 목표는 영어의 규칙에 맞게 사용하는 방법을 익히는 것이지요.

그렇다면 초등 아이들에게는 정확성과 유창성 중 어느 부분에 초점을 맞춰야 할까요? 외국어 학습의 시작 단계에는 지나치게 정확성을 강요하는 것이 큰 문제가 될 수 있습니다. 가뜩이나 다른 나라의 언어를 사용하는 것 자체가 부담인데, 정확하게 말하고 쓰는 것까지 요구하면 편안하게 입을 뗄 수 있을까요? 그보다는 틀리더라도 편안하게, 일단 내뱉을 수 있는 자신감이 더 중요한 것 아닐까요?

문법 지식을 쌓아 정확성을 갖추는 것은 어느 정도 영어에 익숙해진 다음 탄탄하게 만들어가도 늦지 않습니다. 아이들의 발달 단계를 고려해도 논리적인 문법 규칙은 형식적 조작기가 되어야 원활하게 학습할 수 있습니다. 아무리 빨라도 최소 초등학교 고학년 시기는 되어야 한다는 것이지요.

물론 회화 중심으로 구성된 초등 영어 교과서에도 문법 부분이 있습니다. 예를 들어 'I, you, she' 같은 인칭대명사나 'He is running' 같은 현재진행형, 'I am taller than you' 같은 비교급을 공부하기도 합니다. 하지만 이때도 '인칭대명사' 같은 문법 용어는 언급하지 않습니다. 구문과 예문 중심으로 공부하면서 자연스럽게 배우도록 장려하지요. 만약 아이가 비교급을 배우는 단원에서 'The potato is more small than the watermelon'이라는 말을 했다고 가정해봅시다. 원래는 'smaller'라고 표현해야 맞지요. 하지만 이렇게만 말해도 아이가 의도한 바를 이해하는 데 지장이 없고, 아이가 'more ~ than …'이라는 비교급 표현을 이해하고 있음을 알 수 있습니다. 이때 "small은 3음절 이상이 아니니까 smaller라고 말해야지"라고 지적한다면 아이는 문법을 배울 수는 있으나 앞으로 영어로 말하는 것을 주저하게 될 수 있습니다. 늘 지적받기만 하면 말하기 싫어지는 법이니까요.

'가랑비에 옷 젖는 줄 모른다'라는 속담이 있지요. 초등 아이들에게 영어 문법 공부는 이렇게 접근해야 한다고 생각합니다. 회화와 독서로 자연스럽게 서서히 습득하도록 하는 것입니다.

너무 조급하게 생각하지 말고 멀리 보세요. 평소에 일상적으로 접하면서 익숙해진 문장들은 문법을 공부하는 데 튼튼한 기초가 됩니다. 이렇게 쌓인 문장들만으로도 꽤 많은 문법 문제를 맞힐 수 있지요. 따라서 영어 학습 초기 단계에는 문법의 정확성을 지나치게 강조하기보다 편안하게 영어를 접하게 해주세요. 자연스럽게 쌓인 영어 실력을 바탕으로 중·고등학교 시기에 문법 지식을 높여주면 됩니다.

초등 영어 공부의 본질은
바로 여기에 있습니다

2015 개정 교육과정에서 초등 영어 과목의 목표는 다음과 같습니다.

학습자들이 영어 학습에 흥미와 자신감을 가지고 일상생활에서 사용되는 기초적인 영어를 이해하고 표현하는 능력을 길러 영어로 의사소통할 수 있는 기초를 마련한다.

이 내용이 우리나라 입시 현실과 동떨어졌다고 생각하는 분도 있을 것입니다. 그러나 오랜 시간 아이들의 심리와 발달 단계를 연구하고, 영어 교육에 매진한 학자들이 수립한 목표에는 의미와 이유가 있습니다. 바로 영어라는 외국어가 갖는 특수성과 구체적 조작기에 해당하는 아이들의 발달 단계 때문이지요. 외국어는 자신감이 없으면 하기 힘든 과목입니다. 해석은 가능할지 몰라도 실제 의사소통까지 이르기에는 넘어야 할 장벽이 너무나 많습니다. 피아제의 발달 단계에 따르면 초등학교에서 영어를 처음 배우는 3학년 아이들은 구체적 조작기에 해당합니다. 아직 논리적이고 형식적인 지식을 받아들이기에는 다소 어린 나이입니다.

영어 공부는 마라톤입니다. 중·고등학교, 대학교, 성인이 되어서까지 끊임없이 배워야 합니다. 초등학교 시기는 평생 공부해야 할 학습자로서의 기초를 마련하는 시기입니다. 그렇다면 부모님은 무엇에 중점을 두어야 할까요? 오랜 기간 공부하기 위한 기초 체력과 마음가짐을 먼저 만들어놓아야 합니다. 영어 교과에서 흥미와 자신감을 갖는 게 우선인 이유이지요.

저의 학창 시절 이야기를 잠시 해보겠습니다. 저는 영어 학원 하나 없는 작은 시골 마을에서 초등학교에 다녔습니다. 당시에는 초등학교에 영어 교과가 없었지만, 학교에서 특별활동으로 영어 수업을 해주었습니다. 제가 유일하게 영어를 접하고 공부한 곳이 바로 학교였던 셈이지요. 당시 영어 선생님은 매일 단어와 문장을 공부하는 것과 더불어 특별한 숙제를 내주셨습니다. 바로 아침 6시에 시작하는 영어 라디오 프로그램을 듣고 오게 한 것이지요. 그것은 외국 영화의 대사를 알려주는 방송이었습니다. 일찍 일어나느라 피곤하긴 했지만 계속하다 보니 재미가 붙었습니다. 제가 봤던 영화가 나올 때는 더 신이 났지요. 노트에 방송에서 나온 영어 표현을 적고 숙제를 제출하면서 영어 실력도 조금씩 늘어갔습니다. 초등학교 3학년 때는 학교 대표로 영어경시대회에 출전해 금상을 받기도 했지요. 가장 중요한 것은 흥미였습니다. 선생님이 내주신 숙제가 재미있었기 때문에 꾸준히 공부할 수 있었습니다.

해마다 영어 수업 첫 시간에 아이들에게 묻곤 합니다. "영어를 왜 배워야 할까요?"라고요. 아이들은 이렇게 대답합니다. "몰라요", "엄마가 하래요", "선생님이 해야 한대요", "공부해야 대학 잘 간대요" 아이들의 대답에 정작 자기 자신은 없습니다. "영어가 너무 재미있어요"라든가 "영어를 배워서 다른 나라에서 일해보고 싶어요"라는 대답도 충분히 기대해볼 수 있는데 말입니다. 스스로 필요성을 느끼지 못하는 공부는 오래가지 못합니다. 필요를 깨달아도 행동으로 옮기기가 어려운데, 필요성조차 느끼지 못한다면 그 과정이 얼마나 힘들까요.

저는 영어 공부의 본질을 세 가지로 정리하고 싶습니다. 첫째,

흥미입니다. 아이들은 재밌어야 꾸준히 합니다. 현재 알려진 영어 공부 방법은 무수히 많습니다. 그중에 우리 아이가 가장 흥미 있어 할 방법을 선택해야 합니다. 남들이 많이 가는 길이 아니라 아이에게 가장 어울리는 길을 가야 합니다. 저에게는 그것이 라디오 프로그램이었던 것처럼 말입니다.

둘째, 필요성입니다. 왜 영어를 공부해야 하는지 아이 스스로 납득하게 해주세요. 영어를 정말 싫어하는 아이들도 자신이 좋아하는 게임을 할 때는 게임에 관련된 영어 표현을 금방 배우고 활용합니다. 농구를 좋아하는 아이들은 미국 NBA 중계방송을 몇 시간씩 보고 있기도 합니다. 아이의 관심사와 영어를 연결해서 필요성을 설명해주세요. 아이들의 진로 지도에도 도움이 될 수 있습니다.

마지막으로 자신감입니다. 초등학교 시기에는 아이들이 영어 말하기나 쓰기 등의 활동을 할 때 지나치게 오류를 지적함으로써 마음을 불안하게 해서는 안 됩니다. '틀려도 괜찮아!'라는 마음가짐으로 영어를 공부할 수 있도록 항상 격려해주세요.

초등 영어
교육과정 길라잡이

3학년 주요 표현

· 인사말과 자기를 소개하는 말
· 물건의 이름을 묻고 답하는 말
· 요청하고 답하는 말
· 좋아하거나 싫어하는 것을 묻고
  답하는 말
· 수를 묻고 답하는 말
· 가지고 있는 물건을 묻고 답하는 말
· 할 수 있는지 묻고 답하는 말
· 금지와 경고를 나타내는 말
· 누구인지 묻고 답하는 말
· 색깔을 묻고 답하는 말
· 나이를 묻고 답하는 말
· 날씨를 묻고 답하는 말

4학년 주요 표현

· 안부를 묻고 답하는 말
· 가족을 소개하는 말
· 시각을 묻고 답하는 말
· 누구인지 묻고 답하는 말,
  직업을 소개하는 말
· 물건의 소유를 묻고 답하는 말
· 요일을 묻고 답하는 말
· 제안하고 답하는 말
· 동작을 지시하는 말
· 가격을 묻고 답하는 말
· 현재 하고 있는 것을 묻고 답하는 말

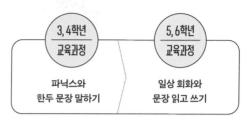

3, 4학년 교육과정	5, 6학년 교육과정
파닉스와 한두 문장 말하기	일상 회화와 문장 읽고 쓰기

5학년 주요 표현

· 출신 국가를 묻고 답하는 말
· 물건의 소유를 묻고 답하는 말
· 가장 좋아하는 것을 묻고 답하는 말
· 하루의 일과를 묻고 답하는 말
· 방학이나 주말에 한 일을 묻고
  답하는 말
· 생김새를 묻고 답하는 말
· 위치를 묻고 답하는 말
· 장래희망을 묻고 답하는 말
· 허락을 구하고 답하는 말
· 물건을 살 때 묻고 답하는 말
· 제안하고 답하는 말

6학년 주요 표현

· 학년을 묻고 답하는 말
· 정보를 묻고 답하는 말
· 날짜를 묻고 답하는 말
· 가격을 묻고 답하는 말
· 계획을 묻고 답하는 말
· 의무를 설명하는 말
· 위치를 묻고 답하는 말
· 빈도를 묻고 답하는 말
· 비교하는 말
· 이유를 묻고 답하는 말
· 초대하고 답하는 말
· 아픈 곳을 묻고 답하는 말
· 미래의 일을 묻고 답하는 말

▼

파닉스와 한두 문장 말하기

초등 영어 교육과정에서는 알파벳이 아니라 간단한 인사말을 듣고 말하는 것부터 배우게 됩니다. 초등 영어 교과의 목표는 '영어에 대한 흥미와 자신감, 의사소통능력'을 길러주는 것이기 때문입니다. 따라서 일상생활에서 주로 쓰이는 표현을 회화 중심으로 배워나가면서 동시에 알파벳도 자연스럽게 익히게 됩니다.

영어 학습은 이렇게 알파벳에서 시작해 낱말, 어구, 문장 순으로 확장되며 점차 읽고 쓰는 방법을 연습하게 됩니다. 3학년 1학기에는 한 학기에 걸쳐 알파벳을 A부터 Z까지 익힙니다. 이때 알파벳의 소릿값을 배우는 파닉스를 함께 공부하게 됩니다.

3학년 2학기부터는 간단한 낱말을 읽고 쓰는 활동을 시작합니다. 각 단원에서 필요한 주요 낱말들입니다. 예를 들어

'How's the weather?'과 같이 날씨에 대한 표현을 공부하는 단원에서는 'sunny, rainy, windy'처럼 날씨 관련 낱말을 읽고 씁니다. 4학년이 되면 주요 표현을 문장으로 읽고 쓰는 연습을 하게 됩니다. 날씨에 대해 공부한다면 'It's rainy'라는 문장을 읽고 쓸 수 있어야 하는 것이지요. 즉, 3학년 1학기까지 알파벳과 파닉스 학습을 잘 마쳐야 이후 단어와 문장으로 확장되더라도 큰 어려움 없이 영어를 읽고 쓸 수 있습니다.

초등학교 영어에서는 흥미와 자신감을 길러주는 것을 중요하게 여기기 때문에 어렵고 복잡한 표현보다는 간단한 문장을 여러 가지 방법으로 반복 연습하게 됩니다. 특히 3, 4학년은 영어를 정식 교과목으로 처음 배우는 시기이기 때문에 역할놀이나 게임 등으로 영어를 재미있게 접하도록 합니다. 단어의 스펠링을 하나하나 지적하거나 말하기에서 문법적인 오류를 지나치게 지적하면 아이들은 금세 흥미와 자신감을 잃어버립니다.

초등학교 영어 교과서는 국정이 아닌 검정 교과서이기 때문에 출판사별로 다양한 교과서가 출시되어 있습니다. 각 학교에서는 심사를 거쳐 그중 한 종을 채택하게 되지요. 학교마다 영어 교과서가 다른 이유입니다. 하지만 아이들이 배우는 주요 표현은 거의 같습니다. 교육부에서 제시한 성취기준에 따라 교과서를 구성하기 때문이지요.

3학년 교과서에 나오는 주요 표현

① 인사말과 자기를 소개하는 말

A : Hello, I'm John.

B : Hi, I'm Minsu.

② 물건의 이름을 묻고 답하는 말

A : What's this?

B : It's a book / hat / cup / doll.

③ 요청하고 답하는 말

A : Stand up, please. / Sit down. / Jump.

B : Okay.

④ 좋아하거나 싫어하는 것을 묻고 답하는 말

A : Do you like apples?

B : Yes, I do. / No, I don't.

⑤ 수를 묻고 답하는 말

A : How many cows / pears / apples / oranges?

B : Three cows.

⑥ 가지고 있는 물건을 묻고 답하는 말

A : Do you have a pencil / ruler / book?

B : Yes, I do. / No, I (don't) have a pencil.

⑦ 할 수 있는지 묻고 답하는 말

A : Can you swim / dance / sing?

B : Yes, I can. / No I can't.

    I can / can't swim.

⑧ 금지와 경고를 나타내는 말

A : Watch out! Don't touch / eat / jump / run.

B : Okay.

⑨ 누구인지 묻고 답하는 말

A : Who is she / he?

B : She is my mother / sister.

    He is my father / brother.

    She / He is tall / pretty.

⑩ 색깔을 묻고 답하는 말

A : What color is it?

B : It's red / white / blue / green / yellow / black.

⑪ 나이를 묻고 답하는 말

A : How old are you?

B : I'm one / two / three / four / five / six / seven / eight / nine / ten years old.

⑫ 날씨를 묻고 답하는 말

A : How's the weather?

B : It's snowing / cloudy/ raining / sunny / cold / hot.

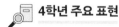 **4학년 주요 표현**

① 안부를 묻고 답하는 말

A : How are you?

B : I'm good. / Not bad. / Not so good. / I'm great.

② 가족을 소개하는 말

A : This is my brother / sister / father / mother / grandfather / grandmother.

③ 시각을 묻고 답하는 말

A : What time is it?

B : It's seven o'clock.

It's time for school / homework / bed.

④ 누구인지 묻고 답하는 말, 직업을 소개하는 말

A : Who is he / she?

B : He / she is my father.

He / she is a teacher / firefighter / cook / dancer / doctor.

⑤ 물건의 소유를 묻고 답하는 말

A : Is this your pencil / bag / umbrella / shoe / watch / cap?

B : Yes, it is. / No, it isn't.

⑥ 요일을 묻고 답하는 말

A : What day is it?

B : It's Monday / Tuesday / Wednesday / Thursday / Friday / Saturday / Sunday.

⑦ 제안하고 답하는 말

A : Let's play soccer / badminton / tennis / baseball / basketball.

B : Sounds good. / Sorry, I can't.

⑧ 동작을 지시하는 말

A : Touch your nose. / Line up. / Be quiet. / Pick up the trash.

B : Okay.

⑨ 가격을 묻고 답하는 말

A : How much is it?

B : It's two thousand won.

A : Here you are.

B : Thank you.

⑩ 현재 하고 있는 것을 묻고 답하는 말

A : What are you doing?

B : I'm dancing. / watching TV. / reading a book.

일상 회화와 문장 읽고 쓰기

5, 6학년이 되면 3, 4학년 때보다 조금 더 세부적인 표현을 배웁니다. 이 또한 실생활에서 자주 쓰이는 필수 구문으로 아주 길고 복잡한 문장은 다루지 않습니다. 비교급처럼 문법 요소도 등장하지만, 문법이라고 명시하지는 않고 일종의 패턴으로써 학습합니다.

5, 6학년 영어에서는 어떠한 주제에 대한 자신의 생각을 말할 수도 있어야 합니다. 3, 4학년 때는 자신의 의견을 짧게 한 문장 정도로 대답했다면, 고학년 때는 서너 문장 정도로 의견을 표현하게 됩니다. 단원에 따라 프레젠테이션 형식으로 발표 활동을 하는 경우도 있습니다.

이제는 문단으로 구성된 영어 글을 읽고 쓸 줄도 알아야 합니다. 3, 4학년 때는 한 단어, 한 문장을 읽고 쓰는 활동을 했습니다. 5, 6학년이 되었으니 여기에서 더 나아가 서너 문장으로 구성된 주제에 맞는 영어 글쓰기를 하게 됩니다. 누군가를 소개하는 글, 묘사하는 글, 감사의 뜻을 전하는 글 등이 해당됩니다.

 5학년 주요 표현

① 출신 국가를 묻고 답하는 말

A : Where are you from?

B : I'm from Canada / Korea / France / the U.S / Brazil.

② 물건의 소유를 묻고 답하는 말

A : Whose pencil / camera / textbook is this?

B : It's Minsu's.

③ 가장 좋아하는 것을 묻고 답하는 말

A : What's your favorite color / subject?

B : My favorite color is blue. / subject is science.

④ 하루의 일과를 묻고 답하는 말

A : What time do you get up?

B : I get up at seven.

A : What time do you go to school?

B : I go to school at eight thirty.

⑤ 방학이나 주말에 한 일을 묻고 답하는 말

A : What did you do during your vacation?

B : I went to museum.

    I visited my grandparents.

A : How was it?

B : It was great.

⑥ 생김새를 묻고 답하는 말

A : What does she look like?

B : She has brown eyes. / long curly hair.

A : What is she wearing?

B : She is wearing a white shirt.

⑦ 위치를 묻고 답하는 말

A : Where is the market?

B : Go straight two blocks and turn right at the bank. It's next
   to the library.

⑧ 장래희망을 묻고 답하는 말

A : What do you want to be?

B : I want to be a photographer.

   I like to take pictures.

⑨ 허락을 구하고 답하는 말

A : Can I borrow your pencil?

B : Sure, you can.

A : Can I go to the restroom?

B : Yes, you can.

⑩ 물건을 살 때 묻고 답하는 말

A : May I help you?

B : Yes, please. I'm looking for a hat. How much is it?

A : It's fifty thousand won.

⑪ 제안하고 답하는 말

A : Let's go camping.

B : That's a good idea.

 6학년 주요 표현

① 학년을 묻고 답하는 말

A : What grade are you in?

B : I'm in the 1st/ 2nd/ 3rd / 4th / 5th / 6th grade.

② 정보를 묻고 답하는 말

A : Do you know anything about Hanok?

B : Yes, I do. It's a traditional Korean house.

A : Do you know anything about minhwa?

B : Yes, I do. It's a traditional Korean painting.

③ 날짜를 묻고 답하는 말

A : When is Earth Day?

B : It's April 22nd.

A : When is the field trip?

B : It's May 16th.

④ 가격을 묻고 답하는 말

A : How much are these onions?

B : They're two thousand won.

⑤ 계획을 묻고 답하는 말

A : What are you going to do this weekend?

B : I'm going to go on a trip.

⑥ 의무를 설명하는 말

A : You should wear a helmet.

B : You're right.

A : You should stay behind the line.

B : Okay.

⑦ 위치를 묻고 답하는 말

A : How can I get to the museum?

B : Take bus number ten and get off at the museum.

A : How can I get to the bookstore?

B : Take Subway Line two and get off at the hospital.

⑧ 빈도를 묻고 답하는 말

A : How often do you exercise?

B : Twice a week. / Four times a month. / Once a day.

⑨ 비교하는 말

A : Which is bigger / taller / shorter, A or B?

B : A is bigger than B.

⑩ 이유를 묻고 답하는 말

A : Why are you happy?

B : Because I got a new watch.

A : Why are you sad?

B : I lost my dog.

⑪ 초대하고 답하는 말

A : Would you like to come to my party?

B : Sure, I'd love to. / Sorry, I'd love to, but I can't.

⑫ **아픈 곳을 묻고 답하는 말**

A : You don't look well. What's wrong?

B : I have a stomachache / headache / fever.

A : Take some medicine. / Get some rest. / Go to see a doctor.

⑬ **미래의 일을 묻고 답하는 말**

A : What will you do this summer?

B : I'll visit my aunt. / I'll go to the beach.

초등 공부,
더 맛있게 하기

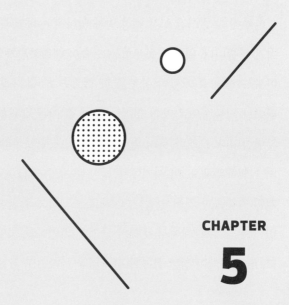

01

또래 관계

잘 노는 아이들이 공부도 잘합니다

    하루에 다섯 시간 이상 책상 앞에 앉아 조용히 공부만 하는 아이가 있습니다. 열심히 공부하는 모습이 대견하신가요? 우리 아이도 그렇게 오래 앉아 공부를 좀 했으면 하시나요? 그 아이는 뛰어난 집중력으로 자기 일에 몰두할 줄 아는 대단한 아이임이 분명합니다. 그러나 우리 아이가 아직 초등학생이라는 점을 먼저 기억해주세요. 이 시기에는 책상 앞에 오래 앉아 있는 것 못지않게 중요한 것이 있습니다. 바로 또래와의 활발한 상호작용입니다. 교우 관계에서 문제가 생기면 학업에도 영향을 미칩니다. 우리 아이가 정말 공부를 잘하길 원한다면 교우 관계에도 주목해야 합니다.

교우 관계는 왜 중요할까요? 가장 근본적인 이유는 이것이 아이들의 심리와 맞닿아 있기 때문입니다. 초등학교 1학년인 어린 아이들도 무리를 형성하고 집단을 구분합니다. 자신이 어떤 무리에도 속하지 않는 것 같을 때 큰 두려움을 느낍니다. 쉬는 시간에 같이 놀 친구가 없어 자리에만 앉아 있는 아이가 수업 시간에 집중을 잘할 수 있을까요? 물론 간혹 기질적으로 교우 관계에는 별로 관심이 없고 혼자 조용히 책을 읽거나 공부하는 데만 집중하는 아이도 있습니다. 하지만 아이들 대부분은 친구들과 친해져서 함께 놀고 싶어 합니다. 쉬는 시간에 재미있게 잘 놀고 마음이 편안해야 수업도 잘 듣고 공부에 집중할 수 있습니다.

또래 간의 상호작용은 아이들의 학습에 직접적인 영향을 끼치기도 합니다. 초등학교에서는 모둠 활동을 자주 합니다. 과정 중심 평가가 도입되면서 친구들끼리 서로 피드백을 주고받는 활동도 크게 늘었지요. 이 과정에서 아이들은 많은 것을 배워나갑니다. 때로는 선생님의 설명보다 친구의 말 한마디에 어려운 문제를 푸는 방법을 이해하기도 합니다. 평소 친구들과 친분을 잘 쌓고, 자신의 의견을 표현하는 데 어려움이 없어야 모둠 활동에서도 자신의 역할을 다할 수 있습니다.

교우 관계는 학부모님들이 성적과 더불어 가장 관심을 갖는 주제이기도 합니다. 학부모 상담을 하다 보면 거의 모든 부모님이 가장 먼저 내 아이가 친구와 잘 노는지 궁금해합니다. 그다음이 수업 시간의 태도나 공부를 잘 따라가고 있는지에 대한 궁금증이고요. 아이들의 원활한 교우 관계를 위해서는 부모님의 역할이 중요합니다. 사회성도 공부처럼 가르쳐서 길러줘야 할 영역이거든요. 교우 관계를 맺길 어려워하는 아이들의 심리적 고통은 상상하기 어려울 정도입니다. 두려움을 뛰어넘는 공포이지요.

부모님은 아이가 어렸을 때 가나다와 하나 둘 셋을 가르치듯 사회적인 언어와 상호작용 기술도 가르쳐야 합니다. 예를 들어 우리 아이가 사람에게 잘 다가가지 못하는 성격이라면 친구에게 처음 말을 건넬 때 어떤 말을 할 수 있는지 가르쳐줘야 합니다. 가벼운 칭찬이나 친구가 가지고 있는 물건을 주제로 말문을 열 수도 있지요. 아이가 어색해한다면 대본을 써서 부모님과 함께 역할극을 해보는 것도 좋습니다.

만약 내 아이가 친구와 자주 다툰다면 이를 해결하는 사회적 기술을 가르쳐야 합니다. 비슷한 상황이 묘사된 만화 영화나 드라마, 소설 등을 같이 보면서 이야기를 나누는 방법이 있어요. 친구와 갈등이 발생한 상황에서 서로의 마음은 어떨지 짐작하고 함께 의견을 주고받아 보세요. 그리고 친구와 사이좋게 지내기 위해서 어떻게 말로 표현해야 할지를 가르치세요. 가르치고 연습한다고 해서 하루아침에 나아지지는 않지만 분명히 하면 할수록 좋아질 것입니다.

공부만을 강요하면서 아이에게 즐거움을 가져다주는 것들을 모두 차단하지도 마세요. 아이도 친구와 소통할 거리가 필요합니다. 또래 아이들이 좋아하는 만화나 장난감, 놀이, 게임 등을 적절한 수준에서 경험해보게 하는 것도 중요합니다. 서로 공감대가 형성되지 않으면 대화를 이어나가기 힘들기 때문이지요. 친구들과 행복하게 소통할 줄 아는 아이가 공부도 잘할 수 있습니다.

02

체험 학습

우리 주변이 모두 배움터입니다

　예전에는 봄 소풍과 가을 소풍이 있었죠. 엄마가 싸준 도시락을 들고 부푼 마음으로 친구들과 줄을 맞추어 걸어가던 기억이 납니다. 요즘은 소풍이라는 말 대신 체험 학습이라는 용어를 사용하고 있습니다. 학교가 아닌 다른 공간에서 배움을 연장한다는 의미이지요. 학교에서 단체로 가는 체험 학습 이외에도 가정에서 개별적으로 교외 체험 학습을 신청할 수도 있습니다. 학교마다 규정에 차이가 있지만, 보통은 연간 14일 정도를 허용하고 있습니다. 사전에 교외 체험 학습을 신청하고 승인을 받으면 학교에 나가지 않아도 출석으로 인정됩니다. 이런 방식을 활용하기 어렵다면 주말이나 방학 등에 시간을 내 가족과 함께 어딘가를 방문하는 것도 좋지요.

아이들과 어디를 갈 수 있을까요? '체험 학습'의 의미를 내실화하기 위해서는 아이들의 교과서를 살펴보아야 합니다. 교과서에서 어느 곳을 가면 좋을지를 찾아보세요. 예를 들어 1, 2학년 때는 통합교과(봄, 여름, 가을, 겨울) 시간에 우리 동네에 대해서 배웁니다. 그렇다면 아이를 데리고 동네 공원에 가거나 가게에서 물건을 사기만 해도 일종의 체험 학습이 될 수 있습니다. 아이들은 계절에 맞는 풍경의 정취를 느끼기도 하고, 우리 동네에 어떤 가게가 있으며 사람들은 어떤 모습으로 살아가는지 배울 수 있거든요.

3학년이 되면 배우는 과목이 늘어나지요. 3, 4학년 시기에는 사회와 과학 교과서에서 체험 학습을 갈 만한 곳을 찾을 수 있습니다. 제가 추천하는 곳은 민속박물관입니다. 사회 교과에서 옛날 사람들의 생활 도구와 의식주의 변화에 대해 공부하기 때문이지요. 우리 지역의 유명 관광지나 유적지를 방문하는 것도 좋습니다. 시청이나 구청 등의 공공기관도 방문할 만한 장소입니다. 국어 교과서에 나오는 글의 배경이 되는 장소에 방문할 수도 있습니다.

5학년이 되면 역사를 배우기 시작합니다. 이때는 아이들을 데리고 역사박물관이나 유적지에 방문하는 것이 좋습니다. 경주나 부여 등의 삼국시대 유적지에 방문해 문화재를 직접 관찰하면 소중한 경험이 되겠지요. 서대문 형무소 역사관 등 일제 강점기와 관련된 장소도 추천하는 곳입니다. 그 외의 과목과 관련해서는 과학관을 방문해 과학 시간에 배우는 내용을 직접 체험해 보거나 국어에서 연극 관련 단원이 나올 때 직접 연극을 보러 가는 것도 좋은 방법입니다.

체험 학습을 가는 게 왜 좋을까요? 체험 학습은 배움의 연장선이기 때문입니다. 구체적 조작기에 해당하는 초등 아이들은 직접 손으로 만져보고 몸으로 활동하면서 다양한 것을 배웁니다. 백문이 불여일견이라는 말이 있듯이 말입니다. 다양한 장소에서 많은 사람을 만나다 보면 진로교육에도 좋은 영향을 미칩니다. 또한 학교라는 공간이 주는 물리적 한계에서 벗어나 더 넓고 깊은 것을 느끼고 배우는 기회가 되기도 하죠.

체험 학습을 갈 때는 사전 활동과 사후 활동을 함께 계획하는 것이 좋습니다. 가기 전에 미리 방문할 곳에 대한 정보를 아이와 함께 찾아보세요. 인터넷으로 사이트에 방문하거나 관련된 미디어를 탐색합니다. 이렇게 배경 지식을 쌓으면 아이들이 그 장소에 도착했을 때 훨씬 흥미를 느끼고 몰입할 수 있습니다. 체험 학습을 하는 도중에도 아이에게 질문하고 대화를 나누며 의미 있는 경험이 되도록 해주세요. 체험 학습을 다녀온 다음에는 사후 활동을 합니다. 방문했던 장소와 관련된 책을 읽거나 다큐멘터리, 영화 같은 영상물을 시청할 수도 있습니다. 함께 이야기를 나누면서 자연스럽게 체험 활동과 학습이 연결될 수 있도록 해주세요. 체험 학습 감상문이나 기행문을 쓰는 것도 좋지만 억지로 쓰게 하는 것은 고생에 비해 큰 효과를 거두기 어렵습니다. 오히려 아이가 체험 학습에 부담을 느끼게 될 수도 있고요. 아이가 좋아하는 방법으로 경험한 것을 곱씹을 수 있도록 해주세요.

03

게임과 영상

흥미를 공부로 연결해요

아이들은 게임을 정말 좋아하지요. 초등학교 저학년만 되어도 친구들끼리 게임 이야기를 굉장히 많이 합니다. 수업이 끝나면 방과후활동을 기다리면서 삼삼오오 복도에 모여 모바일 게임을 하고 있는 모습도 자주 보게 됩니다. 종례를 마치고 교실문을 나서자마자 휴대폰을 켜서 게임에 접속하는 아이들도 있어요. 아이들의 게임 사랑으로 부모님들의 걱정 또한 이만저만이 아닙니다. 아이들의 공부에 가장 방해가 되는 요소 중의 하나로 게임을 꼽기도 하지요.

그러면 아이들이 게임을 하지 못하도록 원천 차단하는 게 답일까요? 이는 현실적으로 불가능에 가깝습니다. 아이들이 게임이나 영상을 찾는 것은 좋아하는 것을 하며 놀고 싶은 기본 욕구입니다. 그 욕구를 막으면 거기에서 쌓인 스트레스와 불만이 다른 데서 터지게 됩니다. 심해지면 부모와 갈등을 빚는 원인이 되기도 하지요. 아이들끼리도 서로 공감대가 형성되려면 공유하는 관심사가 있어야 하는데, 혼자만 게임을 하지 않으면 대화에서 소외되는 경우도 생기고요. 요즘 아이들을 '디지털 네이티브'라고 하지요. 태어날 때부터 온갖 디지털 기기를 접한다는 의미입니다. 아이들의 디지털 기기 사용은 이제 어쩔 수 없이 받아들여야 하는 현실입니다.

중요한 것은 게임을 하지 못하게 하는 게 아니라 '어떻게 하게 할 것인가'입니다. 즉, 게임을 하면서 자기조절능력을 기르게 해야 하는 것이지요. 먼저 부모님과 협의해 하루에 몇 시간 동안 게임할 것인지 약속해야 합니다. 이렇게 해서 아이의 욕구는 해소해주되 지나치지 않도록 스스로를 관리하는 역량을 길러주는 것이지요. 물론 매번 그 시간을 정확하게 지키기란 어려울 것입니다. 성인들도 자신이 계획한 스케줄을 모두 지킬 수 있는 것은 아니거든요. 그러나 최대한 약속된 시간에 맞추려고 노력하게 하는 자세가 필요합니다. 아이가 휴대폰을 하지 않는 시간에는 지정된 장소에 가족의 휴대폰을 모두 모아두고 휴대폰 없이 생활하는 모습을 보여주어야 합니다. 아이들은 나는 안 되는데 어른들이 하는 모습을 보면 굉장히 억울해하거든요. 휴대폰 없이도 재밌게 놀 수 있음을 보여주세요.

오히려 게임을 하고 싶은 욕구를 학습에 도움이 되는 쪽으로 전환해줄 수도 있습니다. 게임의 종류는 굉장히 다양하지요. 수많은 게임 가운데 학습과 연결되는 게임들이 있습니다. 예를 들어 4학년 아이가 사회 시간에 촌락과 도시의 생활 모습을 배울 때를 생각해봅시다. 모바일 게임 중에 도시를 건설하는 게임이 있습니다. 그 게임을 함께 해보면서 도시가 어떻게 구성되는지, 각종 건물은 어떤 이유로 그 자리에 배치되는지, 사회에는 어떤 가게와 기관이 필요한지를 학습할 수 있습니다. 운동을 하거나 춤을 추는 게임도 있습니다. 그런 놀이를 함께 하면서 가족 간의 유대감을 기르고 체력도 향상할 수 있지요. '칸아카데미'처럼 휴대폰이나 태블릿을 활용한 학습을 가정에서 적용해볼 수도 있습니다. 태블릿으로 공부도 하고 게임하듯이 퀴즈를 푸는 과정에서 아이들의 흥미와 학습 효과를 모두 만족시킬 수 있습니다.

보드게임도 좋은 대안입니다. 보드게임은 손으로 조작하는 놀이이기 때문에 아이들의 사고력 발달에도 굉장히 도움이 됩니다. 보드게임 중에는 부루마블처럼 여러 나라의 도시를 사고파는 게임이 있지요. 그런 게임을 가족과 함께 하면서 여러 나라와 도시의 이름, 대표 문화재의 명칭 등을 익힐 수 있습니다. 초등학교 2학년 '겨울' 시간이나 6학년 사회 시간에 여러 나라에 대해 학습하는 단원이 있습니다. 그 시기에 가정에서 이런 보드게임을 하면 아이들이 수업 시간에 더 흥미를 보이겠지요.

게임 이외에 영상을 시청할 때도 반드시 부모님이 확인해야 합니다. 요즘은 유튜브나 OTT 서비스로 아이들이 영상에 쉽게 접근할 수 있습니다. 관람 등급을 사전에 확인해 아이들이 청소년 관람 불가 영상에 접근하지 못하도록 해야 합니다. 휴대폰 사용 초기부터 아이들을 위한 콘텐츠에만 접속이 가능하도록 설정해주는 것이 좋겠지요. 아이가 영상을 너무 보고 싶어 할 때는 게임할 때와 마찬가지로 시청 시간을 정해야 합니다. 그리고 본인이 보고 싶은 영상을 하나 보았다면, 학습과 관련된 다큐멘터리나 역사 만화 등도 한 편 시청하도록 권유해보세요.

아이들의 놀고 싶은 욕구는 본능이므로 성인들이 함부로 억제하거나 침해할 수 없습니다. 실제로 수능 만점자들의 인터뷰를 보면 게임으로 스트레스를 풀었다는 학생들도 많습니다. 아이의 욕구와 취미를 인정해주세요. 부모님의 역할은 아이들이 그 시간을 잘 관리할 수 있도록 끊임없이 보살피고 격려하는 것입니다.

부모의 말

공부할 마음이 들게 하는 말의 힘

2학년 담임을 맡았을 때의 일입니다. 통합교과 시간에 클레이로 열심히 만들기 활동을 했습니다. 작품을 다 만들고 나서 아이들에게 집에 가져가서 부모님과 이야기를 나눠보라고 했지요. 종례를 마치고 다른 아이들은 모두 교실을 빠져나갔는데, 한 아이가 울상이 된 채 가만히 자리에 서 있었습니다. 가까이 다가가서 왜 그러냐고 물어보았습니다. 아이는 되레 저에게 물었습니다. "선생님, 이거 꼭 가져가야 해요?" "응, 가져가야지." 그랬더니 아이의 표정은 더욱 굳어졌습니다. 그러면서 이렇게 말하더군요. "엄마가 집에 쓰레기 가져오지 말라고 그랬어요."

저는 적잖이 충격을 받았습니다. 그동안 수업 시간에 완성했던 만들기 작품을 가져갈 때마다 엄마가 왜 이런 쓰레기를 가져오냐며 꾸중을 했다는 것입니다. 물론 아이의 어머니가 아이를 미워하거나 아이의 노력을 무시하려고 한 말은 아닐 겁니다. 가뜩이나 바쁜 일상에서 집에 이런저런 물건이 쌓이는 게 성가셨던 것 아닐까요? 그러나 어른의 마음을 이해하기 힘든 아이는 자신의 노력이 무시당한다고 생각했을 겁니다. 마음 아픈 일이었습니다.

5학년 담임을 맡았을 때는 이런 일도 있었습니다. 단원평가를 보고 난 뒤 90점을 맞은 아이에게 칭찬을 해주었습니다. 그랬더니 아이가 심드렁한 표정으로 이렇게 말하더군요. "집에 가져가면 엄마가 왜 90점밖에 못 맞았냐고 할걸요." 90점은 객관적으로 보아도 훌륭한 점수인데 기뻐하기보다 집에서 들을 핀잔을 미리 걱정하는 모습이 안타까웠습니다.

반면 이런 학생도 있었습니다. 단원평가를 보거나 받아쓰기 시험을 볼 때마다 가정에서 시험지를 확인받도록 하는데, 그 아이의 부모님께서는 꼭 시험지에 '잘했어. 수고했어. 우리 아들 최고야' 하는 편지를 적어주시더군요. 그 아이는 자존감이 굉장히 높았고, 시험에서 문제를 틀려도 괜찮다며 스스로를 다독이곤 했습니다. 여러분은 아이에게 어떤 말을 해주고 계신가요?

아이에게 부모는 절대적인 존재입니다. 부모님의 말 한마디로도 울고 웃습니다. 아이가 스스로 공부할 마음이 들게 하는 것도 부모님의 말 한마디에 달려 있습니다. 반복되는 핀잔과 잔소리에 마음이 편할 아이는 없습니다. 책상 앞에 앉았다가도 꾸중 한마디를 들으면 공부할 마음이 싹 가시곤 합니다.

아이들에게 종종 부모님에게 듣고 싶은 말을 물어봅니다. 많은 아이가 "잘했어, 최고야"라는 말을 듣고 싶어 하더군요. 실수하고 부족해도 부모님에게는 칭찬을 듣고 싶은 게 아이들의 진짜 마음입니다. 이솝우화 중 바람과 태양이 나그네의 옷을 벗기기 위해 싸우는 이야기가 있지요. 나그네의 옷을 벗긴 건 매서운 바람이 아니라 따뜻한 태양이었습니다. 마찬가지로 아이들의 행동을 근본적으로 변화시키기 위해서도 따뜻한 격려가 우선입니다.

그렇다면 아이들에게 어떻게 말해주면 좋을까요? 가장 먼저 실천할 것은 인정과 공감입니다. 아이들의 감정을 있는 그대로 받아주세요. 아이들은 학교에서 화나는 일도 겪고 슬픈 일도 겪습니다. 화가 나면 화를 내고, 슬프면 우는 건 당연하고 자연스러운 반응입니다. 그런 감정을 솔직하게 표출할 수 있도록 도와주세요. "오늘 화가 많이 났구나, 힘들었구나" 하며 감정을 인정해주세요. 아이에게 힘든 일이 있다면 지지와 격려를 해주세요.

90점을 맞고 아쉬워하는 아이에게 "100점 만점에 90점은 굉장히 잘한 거야. 사람은 누구나 실수할 수도 있단다"라고 칭찬하고 응원해주세요.

아이가 잘못했을 때는 일단 아이의 생각을 충분히 들어주세요. 그리고 아이가 차분해진 상태에서 부모님이 바라는 점을 이야기해주세요. 원래 아이들은 하지 말라고 해도 계속하고, 한 번에 말을 잘 듣지 않습니다. 어른들도 하지 말라는 것을 반복하는 사람들이 있는데 아직 미성숙한 아이들은 오죽할까요. 이 점을 인정하고 끊임없이 알려주고 바로 잡아간다고 생각해주세요.

05

온라인 수업

시대의 변화 속에서 지켜야 할 공부의 가치

코로나19 바이러스가 전 세계를 강타하며 아이들의 교육에도 빨간불이 켜졌습니다. 상황이 차차 나아지고는 있지만, 그사이 교육은 큰 위기를 맞았습니다. 아이들이 학교에 가지 못하면서 가정의 역할은 더욱 커졌고, 아이들 간의 교육 격차는 그 어느 때보다 심각해졌습니다.

2020년에 초등학교에 입학한 아이들은 1학년 시절을 거의 집에서만 보내야 했습니다. 인생에서 매우 중요한 초등 입학 시기를 놓치면서 몇몇 아이들은 2학년이 되어서도 한글을 제대로 습득하지 못했고, 기초 셈조차 할 수 없는 상황까지 벌어지고 있습니다. 반대로 학교에 가지 않는 시기를 이용해 발 빠르게 사교육 시장의 문을 두드려 학습에 더욱 힘을 쏟는 가정들도 있습니다. 이렇게 커진 교육 격차는 교실 수업의 붕괴뿐만 아니라 학생들의 성장에도 치명적인 영향을 미치지요.

이런 상황에서 대안으로 제시된 것이 온라인 수업입니다. 온라인 수업은 장단점이 있습니다. 먼저 장소에 구애받지 않고 원하는 교육을 받을 수 있다는 것이 가장 큰 장점입니다. 전통적인 공부 방법의 틀을 깨고 학습의 외연을 확장하는 계기가 되기도 했지요. 물리적인 공간이 주는 한계에서 벗어나 다양한 시도도 할 수 있게 되었습니다.

반면에 많은 단점도 존재합니다. 특히 교사의 손길이 많이 필요한 어린아이들에게 말이지요. 수업 시간에 집중하고 있는지 자세히 확인하기 어려울뿐더러 일대일로 다가가 학습에서 어려워하는 부분을 도와주는 게 교실에서처럼 쉽지만은 않습니다. 더구나 태블릿이나 컴퓨터 등 디지털 기기가 필요하기 때문에 가정의 상황에 따라 온라인 수업이 곤란한 경우도 있습니다.

따라서 온라인 수업에서는 교사의 역할은 물론 부모님의 역할도 중요합니다. 아이가 온라인 수업을 들을 수 있는 환경을 갖춰주고 수업을 잘 듣고 있는지 확인해야 합니다. 학교에서라면 담임선생님이 집중도를 높이기 위해 여러 노력을 하겠지만, 온라인 수업에서는 거의 불가능합니다.

물론 이를 확인하기 위해 여러 가지 방법을 활용하고 있습니다. 가장 기본적인 방법으로 아이들이 수업한 것을 메모하게 합니다. 노트에 수업 내용을 간단히 요약하게 하거나 중요한 문장을 옮겨 쓰도록 합니다. 그러면 아이들은 최소한이나마 집중해서 듣고 기록으로 남길 수 있습니다. 부모님은 나중에 그 노트를 보면서 오늘 공부한 내용에 대한 이야기도 나눌 수 있고, 궁금한 점에 대해 답변을 해줄 수도 있습니다. 담임선생님과도 적극적으로 소통하세요. 아이의 온라인 출결 상황은 어떤지, 수업에 잘 따라오고 있는지 등을 어려워하지 말고 물어보세요.

과연 코로나 상황이 종료된 후에 온라인 수업과도 작별하게 될까요? 사실 온라인 수업은 그전부터 지속해서 확대되고 있었습니다. 코로나가 종식되어도 랜선 교육 활동은 사라지지 않을 것입니다. 따라서 온라인 수업을 임시방편으로 생각하기보다는 시대적 흐름으로 여기고 어떻게 활용할 것인가를 고민해야 합니다. '칸아카데미' 등의 온라인 교육 프로그램은 이미 전 세계적으로 사용된 지 오래되었습니다. 이제 더 이상 아이들은 특정한 장소에 모여 공부하지 않아도 됩니다. 집에서 온라인으로 자신의 관심 분야를 발견하고 공부할 수 있는 상황이 되었습니다. 온라인을 활용한 공부 역량을 키워주는 것이 아이들의 자기 주도 학습을 위해서도 큰 도움이 될 것입니다. 결국 공부하는 장소와 도구가 변화한 것일 뿐 중요한 가치와 내용은 달라지지 않았습니다.

공부 환경

함께해야 하는 부모의 역할

아이들도 해야 할 일이 너무 많은 시대입니다. 학교와 방과후 활동, 학원을 바쁘게 오가며 수업 들으랴 숙제하랴 하루 동안 해야 할 일이 한두 가지가 아닙니다. 아직 자기조절능력이 발달하지 않은 어린아이들에게는 이러한 루틴을 모두 소화하는 것이 쉽지 않습니다. 부모님이나 선생님은 조급한 마음에 아이에게 일방적인 지시만 내리기 쉽지요. 아이는 혼자 모든 것을 헤쳐나가야 하는 기분이 듭니다. 우리 아이와 어떤 활동을, 얼마나 자주 함께하고 있나요?

아이들은 학교에 다니며 교육과정에 따라 공부하지만, 가정에서 부모님과 함께 배워나가는 것도 많습니다. 아이가 저학년이라면 독서와 받아쓰기를 함께 연습해주세요. 예를 들어 하루에 30분 정도 시간을 약속해 함께 책 읽는 시간을 마련하는 것입니다. 부모님이 책을 읽어주어도 좋고, 각자 책을 읽어도 좋습니다. 부모님이 받아쓰기 문장을 불러주고 아이가 써보는 연습을 하는 것도 중요합니다. 학교에서는 정해진 교육과정을 이수해야 하므로 별도의 받아쓰기 시간을 자주 확보하기가 어렵습니다. 가정에서 얼마나 연습하느냐에 따라 학생마다 성취도에 차이가 나는 부분이기도 하지요.

아이가 중학생이라면 하루에 수학 문제 한두 개 정도는 함께 풀어보는 것이 좋습니다. 수학이 점점 더 어려워지기 때문입니다. 독서는 당연히 초등 고학년이 될 때까지 꾸준히 함께하는 것이 좋고요.

물론 부모님은 너무 바쁩니다. 맞벌이를 하는 가정도 많고, 집안일만으로도 하루가 다 가기 때문에 매일 아이들의 공부를 꼼꼼히 살펴볼 시간적 여유가 충분하지 않을 것입니다. 아이들의 가정통신문이나 알림장을 확인하기에도 빠듯하지요. 그렇다면 목표를 최소화해보세요. 매일이 힘들다면 일주일에 한 번, 한 시간이라도 아이와 함께 무언가를 하기로 약속하세요. 독서도, 수학 보충 수업도 좋습니다.

제가 어렸을 때 저희 부모님은 책을 즐겨 읽으셨습니다. 그런 모습을 보고 자라서인지 저도 자연스럽게 책을 자주 손에 쥐게 되었습니다. 부모님이 TV를 보실 때는 따라서 TV를 보고, 책을 읽으실 때는 같이 책을 읽었지요. 어느덧 독서 습관이 자리를 잡아 저는 책을 즐겨 읽는 아이로 자라났습니다.

시간이 한참 흘러 제가 결혼하고 아이를 낳을 무렵 저희 아버지께서 한 가지 비밀을 털어놓으셨습니다. "아빠도 책 읽기가 싫었는데 너 책 읽게 하려고 일부러 책 보는 척했다"라고요. 바쁘고 피로하신 와중에도 자녀를 위해 일종의 연기를 하신 게 고맙고 뭉클했습니다. 부모님이 무언가를 함께하는 순간, 아이들은 더욱 의욕이 생겨 열심히 공부할 힘이 날 것입니다.

선생님

내 편으로 만들어야 할 공부 조력자

머릿속에 '담임선생님' 하면 떠오르는 이미지를 생각해보세요. 부모님 세대가 학교에 다니던 시절 담임선생님의 모습은 어땠나요? 마치 '호랑이 선생님'처럼 자주 혼을 내고 버럭 소리를 지르고 매를 들곤 했나요? 저 역시도 학창시절에 그런 선생님들을 만났던 기억이 납니다. 그런 이미지들이 아직도 머릿속에 남아 '선생님'에 대한 거리감을 만드는지도 모르겠습니다.

하지만 현재는 과거의 분위기와 사뭇 다릅니다. 학생 인권이 강조되면서 아이들에게 지나치게 혼을 내거나 매를 드는 선생님의 모습은 찾아보기 어려워졌습니다. 요즘 선생님들은 아이와 학부모님의 '조력자'에 더 가깝습니다. 따라서 담임선생님과 어떤 관계를 맺고, 어떻게 소통하느냐에 따라 아이의 1년이 좀 더 풍요로워질 수 있습니다.

학기 초에는 학부모 상담을 비롯한 각종 활동에 적극적으로 참여해보세요. 해마다 학기 초에는 '교육과정 설명회', '학부모 상담' 등 여러 학부모 참여 행사가 있습니다. 여기에서 담임선생님을 만나 얼굴을 익히고 교실 환경을 둘러보세요. 물론 맞벌이 등의 이유로 시간을 내기 어려운 부모님도 많습니다. 그럴 때도 '학부모 상담'만큼은 꼭 참여해주세요. 학교에 방문하기 어렵다면 전화로 상담하는 방법도 있습니다. 선생님과 통화하면서 아이의 지도 방향에 대해 바라는 바 또는 부탁하고 싶은 것을 직접 전달해보세요. 이번 해에 가정에서 가장 중점을 두고 지도해야 할 부분을 물어보는 것도 좋겠지요. 학기 초에는 선생님도 아이들에 대해 완전히 파악되지 않았기 때문에 아이의 성장 배경이나 가정에서의 성격을 설명해주는 과정도 필요합니다. 선생님이 우리 아이를 더 잘 이해할 수 있는 바탕이 되기 때문입니다.

학기 중에는 아이의 알림장에 관심을 기울여주세요. 요즘은 학급 소셜미디어에 알림장을 올리고 소통하는 경우가 대부분입니다. 알림장에는 보통 다음 날의 시간표, 준비물, 과제 등이 안내되므로 반드시 잘 체크해야 합니다. 물론 아이가 클수록 알림장을 보고 스스로 준비할 수 있는 주도성을 점차 키워주어야 하고요.

만약 알림장에서 이해가 되지 않는 내용이 있거나 궁금한 점이 있다면 담임선생님에게 적극적으로 물어보세요. 선생님 대부분은 너무 늦은 시간만 아니라면 부모님의 질문에 기꺼이 답변합니다. '담임선생님에게 최대한 연락하지 않는 것이 미덕'이라고 생각하는 부모님도 있지만, 소중한 우리 아이의 1년을 책임지는 선생님에게 궁금증을 묻고, 의견을 전달하는 것은 부모님의 당연한 권리 아닐까요? 요즘 선생님들은 학부모님과 적극적으로 소통하기 위해 노력하고 있습니다.

다만 선생님과 소통할 때의 전제 조건이 있습니다. 바로 '신뢰'입니다. 선생님을 지나치게 의심하기보다는 우리 아이 성장의 동반자라는 관점으로 소통해주세요. 학급에서 어떠한 일이 발생하면 아이들 간에 말이 오가는 과정에서 와전되기도 하고, 오해를 불러일으키기도 합니다. 이럴 때는 지나치게 감정을 앞세우기보다는 사실 확인에 중점을 두는 것이 좋습니다. 물론 담임선생님 역시 학부모님과 학생들을 이런 태도로 존중해야겠지요. 상호 신뢰를 바탕으로 꾸준히 소통한다면 아이는 부모님과 선생님의 두 우산 아래에서 쑥쑥 성장할 것입니다.

초등 6년의 공부가
입시의 토대가 됩니다

야구 선수들은 경기에서 활약하기 위해 매일 달리기와 웨이트 트레이닝을 합니다. 가수들은 노래를 잘 부르기 위해 발성 연습을 하지요. 모든 사람은 자신의 분야에서 성과를 내기 위해 기초와 기본의 중요성을 잊지 않습니다.

초등학교 시기는 이처럼 아이들이 인생에서 자신만의 역량을 펼치기 위해 기초와 기본을 닦는 때입니다. 아이들의 공부 여정이 본격적으로 시작되는 시기이자 기초 공부 근육을 길러나가는 때이지요. 초등학교 때 이를 어떻게 다져놓느냐에 따라 아이들의 입시 결과도 달라질 수 있습니다.

물론 입시와 공부가 이 세상의 전부는 아니지요. 아이마다 갖고 있는 다양한 특기와 적성을 계발하는 것도 매우 중요합니다. 하지만 아이들이 어떤 분야에 관심을 갖든 초등학교 시기에 배우는 내용은 모든 아이가 앞으로 살아가는 데 자양분이 됩니다.

아이를 키우는 부모님의 어깨는 늘 무겁습니다. 부모님과 아이들에게 조금이라도 도움이 되고자 글을 쓰기 시작했던 저의 마음이 이 책을 통해 잘 전달되었기를 바랍니다.

유정원

학년별 국어 교과서 수록 도서 목록

• 1학년 •

제목	지은이	출판사	출판연도
라면 맛있게 먹는 법	권오삼	문학동네	2015
숨바꼭질 ㄱㄴㄷ	김재영	현북스	2013
표정으로 배우는 ㄱㄴㄷ	솔트앤페퍼	소금과후추	2017
소리치자 가나다	박정선	비룡소	2007
동물친구 ㄱㄴㄷ	김경미	웅진주니어	2006
생각하는 ㄱㄴㄷ	이보나 흐미엘레프스카	논장	2006
손으로 몸으로 ㄱㄴㄷ	전금하	문학동네	2008
말놀이 동요집 1	최승호	비룡소	2011
우리 동요 - 랄랄라 신나는 인기 동요 60곡	편집부	애플비북스	2015
깊은 산속 옹달샘 누가 와서 먹나요	윤석중	예림당	2022
어머니 무명 치마	김종상	창비	2002
이가 아파서 치과에 가요	한규호	받침없는동화	2019
인사할까, 말까?	허은미	웅진다책	2011
구름 놀이	한태희	미래엔 아이세움	2004
동동 아기 오리	권태응	다섯수레	2009
글자동물원	이안	문학동네	2015
아가 입은 앵두	서정숙	보물창고	2013
강아지 복실이	한미호	국민서관	2012
꿀 독에 빠진 여우	안선모	보물창고	2017
까르르 깔깔	이상교	미세기	2015
나는 자라요	김희경	창비	2016
딴생각하지 말고 귀 기울여 들어요	서보현	상상스쿨	2020

콩 한 알과 송아지	한해숙	애플트리 태일즈	2015
1학년 동시 교실	김종상 외	주니어김영사	2016
몰라쟁이 엄마	이태준	우리교육	2002
몽몽 숲의 박쥐 두 마리	이혜옥	한국차일드 아카데미	2013
도토리 삼 형제의 안녕하세요	이송현주	길벗어린이	2009
소금을 만드는 맷돌	홍윤희	예림아이	2018
별을 삼킨 괴물	민트래빗 플래닝	민트래빗	2015
숲 속 재봉사	최향랑	창비	2010
엄마 내가 할래요!	장선희	장영	2012
초코파이 자전거	신현림	비룡소	2019
아빠가 아플 때	한라경	리틀씨앤톡	2016
내 마음의 동시 1학년	신현득 외	계림북스	2011
표지판이 말을 해요	장석봉	웅진다책	2008
역사를 바꾼 위대한 알갱이 씨앗	서경석	미래아이	2013
붉은 여우 아저씨	송정화	시공주니어	2015

제목	지은이	출판사	출판연도
윤동주 시집	윤동주	범우사	2002
우산 쓴 지렁이	오은영	현암사	2006
내 별 잘 있나요	이화주	상상의힘	2013
아니, 방귀 뽕나무	김은영	사계절	2015
아빠 얼굴이 더 빨갛다	김시민	리젬	2017
딱지 따먹기 (아이들 시로 백창우가 만든 노래)	백창우	보리	2002
아주 무서운 날	탕무니우	찰리북	2014
으악, 도깨비다!	손정원	느림보	2002
기분을 말해 봐요	디디에 레비	다림	2016
오늘 내 기분은…	메리앤코카 -레플러	키즈엠	2015
내 꿈은 방울토마토 엄마	허윤	키위북스	2014
께롱께롱 놀이 노래	편해문	보리	2008
작은 집 이야기	버지니아 리 버튼	시공주니어	1993
까만 아기 양	엘리자베스 쇼	푸른나무출판	2021
큰턱 사슴벌레 VS 큰뿔 장수풍뎅이	장영철	위즈덤하우스	2012
선생님, 바보 의사 선생님	이상희	웅진주니어	2006
신기한 독	홍영우	보리	2010
욕심쟁이 딸기 아저씨	김유경	노란돼지	2017
치과 의사 드소토 선생님	윌리엄 스타이그	비룡소	1995
짝 바꾸는 날	이일숙	도토리숲	2017
동무 동무 씨동무	편해문	창비	1999
우리 동네 이야기	정두리	푸른책들	2013
42가지 마음의 색깔	크리스티나 누 녜스 페레이라, 라파엘 R. 발카르셀	레드스톤	2015
머리가 좋아지는 그림책 – 창의력	우리누리	길벗스쿨	2017
내가 조금 불편하면 세상은 초록이 돼요	김소희	토토북	2009

내가 도와줄게	테드 오닐, 제니 오닐	비룡소	2020
7년 동안의 잠	박완서	어린이 작가정신	2015
수박씨	최명란	창비	2008
참 좋은 짝	손동연	푸른책들	2004
나무는 즐거워	이기철	비룡소	2019
훨훨 간다	권정생	국민서관	2003
김용택 선생님이 챙겨 주신 1학년 책가방 동화	이규희	파랑새어린이	2003
아홉 살 마음 사전	박성우	창비	2017
신발 신은 강아지	고상미	위즈덤하우스	2016
산새알 물새알	박목월	푸른책들	2016
저 풀도 춥겠다	부산 알로이시오 초등학교 어린이	보리	2017
호주머니 속 알사탕	이송현	문학과지성사	2011
콩이네 옆집이 수상하다!	천효정	문학동네	2016
거인의 정원	오스카 와일드	웅진 씽크하우스	2007
불가사리를 기억해	유영소	사계절	2022
종이 봉지 공주	로버트 문치	비룡소	1998
나무들이 재잘거리는 숲 이야기	김남길	풀과바람	2014
언제나 칭찬	류호선	사계절	2017
팥죽 할멈과 호랑이	박윤규	시공주니어	2006
교과서 전래 동화	조동호	거인	2005
원숭이 오누이	채인선	한림출판사	2009
개구리와 두꺼비는 친구	아놀드 로벨	비룡소	1996
엄마를 잠깐 잃어버렸어요	크리스 호튼	보림qb	2011
소가 된 게으름뱅이	한은선	지경사	2021
밥상에 우리말이 가득하네	이미애	웅진주니어	2010

· 3학년 ·

제목	지은이	출판사	출판연도
곱구나! 우리 장신구	박세경	한솔수북	2014
소똥 밟은 호랑이	박민호	알라딘북스	2018
너라면 가만있겠니?	우남희	청개구리	2014
꽃 발걸음 소리	오순택	아침마중	2016
아! 깜짝 놀라는 소리	신형건	푸른책들	2022
바삭바삭 갈매기	전민걸	한림출판사	2014
바람의 보물찾기	강현호	청개구리	2011
으악, 도깨비다!	손정원	느림보	2002
삐뽀삐뽀 눈물이 달려온다	김륭	문학동네	2012
리디아의 정원	사라 스튜어트	시공주니어	2022
한눈에 반한 우리 미술관	장세현	사계절	2012
플랑크톤의 비밀	김종문	예림당	2015
행복한 비밀 하나	박성배	푸른책들	2012
비밀의 문	에런 베커	웅진주니어	2016
명절 속에 숨은 우리 과학	오주영	시공주니어	2009
아씨방 일곱 동무	이영경	비룡소	1998
개구쟁이 수달은 무얼 하며 놀까요?	왕입분	재능교육	2006
프린들 주세요	앤드루 클레먼츠	사계절	2001
알고 보면 더 재미있는 곤충 이야기	김태우, 함윤미	뜨인돌어린이	2006
아프리카 까마귀, 석주명	김준영	한국차일드 아카데미	2022
짝 바꾸는 날	이일숙	도토리숲	2017
축구부에 들고 싶다	성명진	창비	2011
쥐눈이콩은 기죽지 않아	이준관	문학동네	2017
만복이네 떡집	김리리	비룡소	2010
감자꽃	권태응	보물창고	2014
귀신보다 더 무서워	허은순	보리	2013
아드님, 진지 드세요	강민경	좋은책어린이	2022
도토리 신랑	서정오	보리	2007
식물이 좋아지는 식물책	김진옥	궁리출판	2020

하루와 미요	임정자	문학동네	2014
타임캡슐 속의 필통	남호섭	창비	2017
바위나리와 아기별	마해송	길벗어린이	1998
거인 부벨라와 지렁이 친구	조 프리드먼	주니어RHK	2016
들썩들썩 우리 놀이 한마당	서해경	현암사	2012
어쩌면 저기 저 나무에만 둥지를 틀었을까	이정환	푸른책들	2011
까불고 싶은 날	정유경	창비	2010
눈코귀입손!	김종상	위즈덤북	2009
진짜 투명인간	레미 쿠르종	씨드북	2015
지렁이 일기예보	유강희	비룡소	2019
내 입은 불량 입	경북봉화분교 어린이들	크레용하우스	2021
꼴찌라도 괜찮아	유계영	휴이넘	2010
온 세상 국기가 펄럭펄럭	서정훈	웅진주니어	2010
이야기 할아버지의 이상한 밤	임혜령	한림출판사	2012
무툴라는 못 말려	베벌리 나이두	국민서관	2008
귀신 선생님과 진짜 아이들	남동윤	사계절	2014
가자, 달팽이 과학관	윤구병	보리	2012
별난 양반 이 선달 표류기 1	김기정	웅진주니어	2011
알리키 인성교육 1:감정	알리키 브란덴 베르크	미래아이	2002
아인슈타인 아저씨네 탐정 사무소	김대조	주니어김영사	2015
눈	박웅현	비룡소	2018

• 4학년 •

제목	지은이	출판사	출판연도
멋져 부러, 세발자전거!	김남중	낮은산	2010
산	전영우	웅진닷컴	2003
피자의 힘	김자연	푸른사상	2018
100살 동시 내 친구	한국동시문학회	청개구리	2008
사과의 길	김철순	문학동네	2014
경주 최씨 부자 이야기	조은정	여원미디어	2021
경주 최 부잣집 이야기	심현정	느낌이있는책	2010
나비를 잡는 아버지	현덕	효리원	2022
가끔씩 비 오는 날	이가을	창비	1998
우산 속 둘이서	장승련	푸른책들	2018
맛있는 과학 6. 소리와 파동	문희숙	주니어김영사	2011
나무 그늘을 산 총각	권규헌	봄볕	2018
경제의 핏줄 화폐	김성호	미래아이	2013
무지개 도시를 만드는 초록 슈퍼맨	김영숙	위즈덤하우스	2015
조선 사람들의 소망이 담겨 있는 신사임당 갤러리	이광표	그린북	2016
지붕이 들려주는 건축 이야기	남궁담	현암주니어	2016
쩌우 까우 이야기	김기태	창비	2001
아름다운 꼴찌	이철환	주니어RHK	2014
초록 고양이	위기철	사계절	2016
알고 보니 내 생활이 다 과학!	김해보,정원선	예림당	2013
콩 한 쪽도 나누어요	고수산나	열다	2018
생명, 알면 사랑하게 되지요	최재천	더큰아이	2018
세종 대왕, 세계 최고의 문자를 발명하다	이은서	보물창고	2014
주시경	이은정	비룡소	2021
나 좀 내버려 둬!	박현진	길벗어린이	2006
두근두근 탐험대 1 - 모험의 시작	김홍모	보리	2008
내 맘처럼	최종득	열린어린이	2017
고래를 그리는 아이	윤수천	시공주니어	2011
이솝 이야기	이솝	미래엔아이세움	2017
꽃신	윤아해	사파리	2018

아는 길도 물어 가는 안전 백과	이성률	풀과바람	2016
신기한 그림족자	이영경	비룡소	2002
놀면서 배우는 세계 축제 1	유경숙	봄볕	2016
가을이네 장 담그기	이규희	책읽는곰	2008
오세암	정채봉	창비	2001
매일매일 힘을 주는 말	박은정	개암나무	2016
세상에서 가장 유명한 위인들의 편지	오주영	채우리	2014
사라, 버스를 타다	윌리엄 밀러	사계절	2004
콩닥콩닥 짝 바꾸는 날	강정연	시공주니어	2009
젓가락 달인	유타루	바람의아이들	2014
WOW 5000년 한국여성위인전 1	신현배	형설아이	2014
정약용	김은미	비룡소	2021
사흘만 볼 수 있다면 그리고 헬렌 켈러 이야기	헬렌 켈러	두레아이들	2013
어머니의 이슬털이	이순원	북극곰	2013
투발루에게 수영을 가르칠 걸 그랬어!	유다정	미래아이	2008
우리 속에 울이 있다	박방희	푸른책들	2018
쉬는 시간에 똥 싸기 싫어	김개미	토토북	2017
지각 중계석	김현욱	문학동네	2015
멸치 대왕의 꿈	이월	키즈엠	2015
ⓔ 두고두고 읽고 싶은 한국 대표 창작 동화 3	김자연	계림북스	2006
함께 사는 다문화 왜 중요할까요?	홍명진	어린이 나무생각	2012
우리 조상들은 얼마나 책을 좋아했을까?	마술연필	보물창고	2015
초희의 글방 동무	장성자	개암나무	2014
멋진 사냥꾼 잠자리	안은영	길벗어린이	2005
자유가 뭐예요?	오스카 브르니 피에	상수리	2008
고학년을 위한 동요 동시집	김형경 외	상서각	2008
기찬 딸	김진완	시공주니어	2011

제목	지은이	출판사	출판연도
참 좋은 풍경	박방희	청개구리	2012
어린이를 위한 시크릿	윤태익, 김현태	살림어린이	2007
별을 사랑하는 아이들아	윤동주	푸른책들	2016
난 빨강	박성우	창비	2010
가랑비 가랑가랑 가랑파 가랑가랑	정완영	사계절	2015
할아버지를 기쁘게 하는 12가지 방법	김인자	파랑새어린이	2012
쥐 둔갑 타령	이광익	시공주니어	2008
수일이와 수일이	김우경	우리교육	2001
마음의 온도는 몇 도일까요?	정여민	주니어김영사	2016
색깔 속에 숨은 세상 이야기	박영란, 최유성	미래엔 아이세움	2007
브리태니커 만화 백과: 여러 가지 식물	봄봄스토리	미래엔 아이세움	2016
공룡 대백과	이용규 외	웅진주니어	2013
생각이 꽃피는 토론2	황연성	이비락	2018
여행자를 위한 나의 문화유산답사기 2	유홍준	창비	2016
바람소리 물소리 자연을 닮은 우리 악기	청동말굽	문학동네	2008
지켜라! 멸종 위기의 동식물	백은영	뭉치	2021
잘못 뽑은 반장	이은재	주니어김영사	2009
바다가 튕겨낸 해님	박희순	청개구리	2019
니 꿈은 뭐이가?	박은정	웅진주니어	2010
어린이 문화재 박물관 2	문화재청	사계절	2006
전통 속에 살아 숨 쉬는 첨단 과학 이야기	윤용현	교학사	2012
악플 전쟁	이규희	별숲	2022
뻥튀기는 속상해	한상순	푸른책들	2009
존경합니다, 선생님	패트리샤 폴라코	미래엔 아이세움	2015
파브르 식물 이야기	장 앙리 파브르	사계절	2011
한지돌이	이종철	보림	1999

· 6학년 ·

제목	지은이	출판사	출판연도
뻥튀기	고일	주니어이서원	2014
내 마음의 동시 6학년	유경환 외	계림북스	2011
가랑비 가랑가랑 가랑파 가랑가랑	정완영	사계절	2015
황금 사과	송희진	뜨인돌어린이	2010
우주 호텔	유순희	해와나무	2012
속담 하나 이야기 하나	임덕연	산하	2016
등대섬 아이들	주평	신아출판사	2016
말대꾸하면 안 돼요?	배봉기	창비	2010
조선 왕실의 보물, 의궤	유지현	토토북	2009
얘, 내 옆에 앉아!	연필시 동인	푸른책들	2006
불패의 신화가 된 명장 이순신	이강엽	웅진씽크빅	2005
샘마을 몽당깨비	황선미	창비	2013
아버지의 편지	정약용	함께읽는책	2004
아낌없이 주는 나무	셸 실버스타인	시공주니어	2000
의병장 윤희순	정종숙	한솔수북	2019
구멍 난 벼루	배유안	토토북	2016
열두 사람의 아주 특별한 동화	송재찬	파랑새어린이	2001
이모의 꿈꾸는 집	정옥	문학과지성사	2010
노래의 자연	정현종	시인생각	2013
생각 깨우기	이어령	푸른숲주니어	2009
지구촌 아름다운 거래 탐구생활	한수정	파란자전거	2016
완희와 털복숭이 괴물	수잔 지더 외	연극놀이 그리고교육	2011
쉽게 읽는 백범 일지	김구	돌베개	2005
장복이, 창대와 함께하는 열하일기	강민경	현암주니어	2020
아트와 맥스	데이비드 위즈너	시공주니어	2019
나는 비단길로 간다	이현	푸른숲주니어	2012
식구가 늘었어요	조영미	청개구리	2014

학교에서도 알려주지 않는 초등 공부 사용설명서

우리 아이는 학교에서 무얼 배울까?

초판 1쇄 인쇄 2022년 11월 24일
초판 1쇄 발행 2022년 12월 1일

지은이 유정원

대표 장선희   **총괄** 이영철
책임편집 현미나   **기획편집** 이소정, 정시아, 한이슬
책임디자인 김효숙   **디자인** 최아영
마케팅 최의범, 강주영, 김현진, 이동희
경영관리 김유미

펴낸곳 서사원   **출판등록** 제2021-000194호
주소 서울시 영등포구 당산로 54길 11 상가 301호
전화 02-898-8778   **팩스** 02-6008-1673
이메일 cr@seosawon.com
블로그 blog.naver.com/seosawon
페이스북 www.facebook.com/seosawon
인스타그램 www.instagram.com/seosawon

ⓒ 유정원, 2022

ISBN 979-11-6822-123-9   03590

서사원은 독자 여러분의 책에 관한 아이디어와 원고 투고를 설레는 마음으로 기다리고 있습니다.
책으로 엮기를 원하는 아이디어가 있는 분은 이메일 cr@seosawon.com으로 간단한 개요와 취지,
연락처 등을 보내주세요. 고민을 멈추고 실행해보세요. 꿈이 이루어집니다.